これだけマスター

1級

土木施工
管理技士
第二次検定

速水洋志・吉田勇人・水村俊幸［共著］

Ohmsha

まえがき

　1級土木施工管理技士は、土木・建設の実務に携わる方にとって必要不可欠で、とても価値のある重要な国家資格です。

　技術検定試験（第一次検定、第二次検定）においては、受験資格に必要な実務経験年数が規定されており、また、試験の出題分野も非常に多岐にわたります。企業の現場などで大変忙しい皆さんが、日々の仕事やそこから得られる知識だけで合格基準に達するのは難しく、的を得た、より効率的な学習が求められます。特に、「第二次検定」の必須問題「経験記述」は、経験重視の高度な試験内容となっており、机上の学習だけでは対応が難しく、受験者自身の技術力、知識力、経験力、応用力、表現力の審査でもあり、受験者自身に身に付いたものとして体得する必要があります。

　本書は、2010年に発行し、2017年に改訂しました『これだけマスター　1級土木施工管理技士　実地試験』を技術検定試験制度の改正に伴い全面的に見直し、改題改訂として発行するものです。近年の出題傾向を分析し、より充実した「第二次検定」試験対策書としました。

　受験者の皆さんには、本書を有効に活用され、繰り返し継続して学習することで、確実に合格力がアップすることをお約束します。本書の学習の結果として「合格」の吉報が皆さんの手元に届くことを、心よりお祈り申し上げます。

　2022年3月

速水洋志・吉田勇人・水村俊幸

目　次

経験記述編

学科記述編

受験ガイダンス

① 受験の手引き

（1）第二次検定受検資格

下記の①～③のいずれかに該当する者

① 「第一次検定・第二次検定」を受検し、第一次検定のみ合格した者

② 「第一次検定のみ」を受検して合格し、所定の実務経験[※]を満たした者

③ 技術士試験の合格者で、所定の実務経験[※]を満たした者

技術士法による第二次試験のうち下記の技術部門に合格した者

【建設部門、水道部門、上下水道部門、農業部門（選択科目：農業土木、農業農村工学）、林業部門（選択科目：森林土木）、森林部門（選択科目：森林土木）、水産部門（選択科目：水産土木）、総合技術監理部門（選択科目：建設部門、水道部門、上下水道部門のいずれかに係るもの）、総合技術監理部門（選択科目：農業土木、森林土木、水産土木）】

※次ページの表 1-1 ～ 1-3 参照

（2）実務経験

土木一式工事の実施に当たり、その施工計画の作成および当該工事の工程管理、品質管理、安全管理等工事の施工の管理に直接的に関わる技術上の全ての職務経験をいい、具体的には下記のものをいいます。

- 受注者（請負人）として施工を指揮・監督した経験（施工図の作成や、補助者としての経験も含む）
- 発注者側における現場監督技術者など（補助者も含む）としての経験
- 設計者などによる工事監理の経験（補助者も含む）

（3）指導監督的実務経験

実務経験年数には、1年以上の指導監督的実務経験が含まれていることが必須です。指導監督的実務経験とは、現場代理人、主任技術者、工事主任、施工監督などの立場で、部下や下請業者などに対して工事の技術面を総合的に指導・監督した経験をいいます。これには、受注者の立場における経験のほか、発注者側の現場監督技術者などとしての総合的に指導・監督した経験も含まれます。

表 1-1　学歴等または 2 級土木施工管理技術検定（第二次検定）合格者

学歴と資格		土木施工管理に関する必要な実務経験年数[※1]	
		指定学科[※2]	指定学科以外
大学等		卒業後 3 年以上	卒業後 4 年 6 ヵ月以上
短期大学・高等専門学校等		卒業後 5 年以上	卒業後 7 年 6 ヵ月以上
高等学校等		卒業後 10 年以上	卒業後 11 年 6 ヵ月以上
その他（学歴を問わず）		15 年以上	
2 級合格者		合格後 5 年以上	
2 級合格後の実務経験が5 年未満の者	高等学校等	卒業後 9 年以上	卒業後 10 年 6 ヵ月以上
	その他	14 年以上	

※ 1　実務経験年数には、1 年以上の指導監督的実務経験年数が含まれていることが必須
※ 2　指定学科とは、土木工学、都市工学、衛生工学、交通工学、建築学に関する学科

表 1-2　専任の主任技術者の実務経験が 1 年（365 日）以上ある者

学歴と資格		土木施工管理に関する必要な実務経験年数[※1]	
		指定学科[※2]	指定学科以外
2 級合格者		合格後 3 年以上	
2 級合格後の実務経験が3 年未満の者	短期大学等	―	卒業後 7 年以上
	高等学校等	卒業後 7 年以上	卒業後 8 年 6 ヵ月以上
	その他	12 年以上	
その他	高等学校等	卒業後 8 年以上	卒業後 9 年 6 ヵ月以上[※3]
	その他	13 年以上	

※ 1　実務経験年数には、1 年以上の指導監督的実務経験年数が含まれていることが必須
※ 2　指定学科とは、土木工学、都市工学、衛生工学、交通工学、建築学に関する学科
※ 3　建設機械施工技師に限る。技師資格を取得していない場合は 11 年以上が必要

表 1-3　指導監督的実務経験年数が 1 年以上、主任技術者の資格要件成立後に専任の監理技術者の指導のもとにおける実務経験が 2 年以上ある者

学歴と資格	土木施工管理に関する必要な実務経験年数[※1]
2 級合格者	合格後 3 年以上
高等学校等	指定学科[※2]を卒業後 8 年以上

※ 1　実務経験年数には、1 年以上の指導監督的実務経験年数が含まれていることが必須
※ 2　指定学科とは、土木工学、都市工学、衛生工学、交通工学、建築学に関する学科

（4）第二次検定試験日時

　　例年、10 月上旬の日曜日に予定されています。

　　なお、合格発表は、試験実施の翌年の 1 月中旬が予定されています。

（5）試験地

　札幌・釧路・青森・仙台・東京・新潟・名古屋・大阪・岡山・広島・高松・福岡・那覇（試験会場の確保などの都合により、やむを得ず近郊の都市で実施する場合があります。）

（6）試験の内容

　「施工管理法」の範囲とされ、記述式による筆記試験が行われます。検定基準は、以下のとおりです。

1. 監理技術者として、土木一式工事の施工の管理を適確に行うために必要な知識を有すること。

2. 監理技術者として、土質試験および土木材料の強度などの試験を正確に行うことができ、かつ、その試験の結果に基づいて工事の目的物に所要の強度を得る等のために必要な措置を行うことができる応用能力を有すること。

3. 監理技術者として、設計図書に基づいて工事現場における施工計画を適切に作成すること、または施工計画を実施することができる応用能力を有すること。

❷ 第二次検定試験問題の構成

　第二次検定試験問題の構成は、必須問題、選択問題（1）、選択問題（2）の3つに分かれています。また問題は、「経験記述」（記述文形式）と「学科記述」の2種類に、「学科記述」はさらに「語句解答形式」と「記述解答形式」の2形式に分けられます。

（1）経験記述

　【問題1】（〔設問1〕および〔設問2〕）として必須問題で出題されるものであり、実際にあなたが過去に経験した土木工事について記述文形式で解答するものです。

　「1級土木施工管理技士」として相応しいか否かを、技術力、知識力、経験力、応用力、表現力などについて総合的に判断するものであり、本検定試験の要となる問題です。この経験記述において合格点に達した者だけが、学科記述の採点に進むことができると思われます。

　記述文形式であり、試験官の主観の判断に委ねられるので、誰が見てもわかりやすい、ていねいな読みやすい文章にする必要があります。どのように立派な技術論文でも、設問の趣旨に適さない記述は不合格となってしまいます。

　① 技術力：土木施工管理としての技術が示されているか。

　② 知識力：専門用語、説明文において、専門知識が表れているか。

③ 経験力：記述文全体の流れのなかに、経験の有無のニュアンスが表れているか。

④ 応用力：設問内容に対して適合した解答になっているか。

⑤ 表現力：他人の文章や文献などの丸写しでなく、自分の文章になっているか。

（2）学科記述・語句解答形式

【問題2】として必須問題で、【問題4】～【問題7】として選択問題（1）で出題されます。選択問題（1）では、4問題のうちから2問題を選択して解答するので、全部で3問題を解答することになります。

語句解答形式で出題され、各種法規、指針、示方書などの基本内容からの出題が多いようです。これら（各種法規など）記述の暗記・理解が最良ですが、わからない場合でも前後の文章の流れからわかる場合があります。

（3）学科記述・記述解答形式

【問題3】として必須問題で、【問題8】～【問題11】として選択問題（2）で出題されます。選択問題（2）では、4問題のうちから2問題を選択して解答するので、全部で3問題を解答することになります。

記述解答形式で出題され、施工などに関する留意点、工法などの概要や特徴、ある事象に対しての原因や対策、危険防止と安全措置などについて、簡単に記述する問題です。一般には、正答となる解答例が複数あり、このうち指定された数を記述することが多いので、できるだけ代表的、一般的な事例で、キーワードを含んだ簡潔な文章とする必要があります。

（4）合格基準

第二次検定の得点は60％以上が合格基準となります。ただし、試験の実施状況などを踏まえ、変更される可能性があります。

土木施工管理技術検定に関する申込書類提出および問い合わせ先
一般財団法人 全国建設研修センター 試験業務局 土木試験部 土木試験課
〒187-8540　東京都小平市喜平町2-1-2　　　　TEL　042-300-6860

試験に関する情報は今後、変更される可能性がありますので、受験する場合は必ず、国土交通大臣指定試験機関である全国建設研修センター（https://www.jctc.jp/）等の公表する最新情報をご確認ください。

経験記述編

1章 経験記述（必須問題 1）の出題内容と受験対策

① はじめに

　第二次検定における経験記述は、受験者の経験を問うとともに、主任技術者にふさわしい文章力で、自身の経験を簡潔に表現する技術力を確認するものである。また、受験者の経験には真実性と具体性が求められており、経験記述の虚偽偽装に関しては厳しくチェックされる。このため、経験記述文は受験者の経験が具体的な数量で示されたオリジナルでなければならないし、他人の例文を丸写しし、一部修正などで作成することは絶対に避けなければならない。**自身が経験した工事でないことが判明した場合には失格となる。**

　ここに示す記述例文は、合格を保証するものではない。第一次検定の合格をむだにしないように、自身の経験を効率よく「経験記述形式」にするための参考に示すものである。

② 経験記述の学習期間とスケジュール

　第二次検定は例年 10 月上旬に実施される。第一次検定の合格発表が 8 月中下旬であるから、のんびり第一次検定の発表を待っていると第二次検定の学習時間は 1 か月程度しかない。経験記述（必須問題）のボリュームと学科記述（必須問題および選択問題）の広い出題範囲を考えると、この 1 か月程度が十分な準備期間であるとはいえない。

　第二次検定の準備は、第一次検定が終わって落ち着いたころ、遅くとも 8 月上旬から始める必要がある。8 月は経験記述の工事選びと、記述文草案の添削と修正、最終案の作成と暗記、9 月は学科記述の学習、試験直前は経験記述の仕上げ（暗記度のチェック）がおおまかな学習スケジュールである。多くの人は、会社から家へ帰ってきて限られた時間内で受験勉強を行うのだから、これでも決して余裕があるとはいえない。この 2 か月が最低限確保しなければならない学習期間であると思ったほうがよい。

　経験記述の学習スケジュールは、1 週間ごとにおおむね 5 つのステップに分けることができる。これらを 1 週間ごとに消化していける（時間が確保できる）前提で、学習スケジュール例を示してみる。

[第一次検定終了から第二次検定実施までの学習スケジュール]

7月上旬　第一次検定実施

※8月まで第二次検定の受験勉強を待つ必要はない。努力したなら第一次検定は合格しているはずである。7月から準備を始めることをお勧めする。

8月　第1週目 ― ステップ1
経験記述に書こうとする工事選び（3項目用意する）
工事名、工事の内容（工期、工種、施工量）を整理

8月　第2週目 ― ステップ2
最も得意な管理分野で記述文の草案を作成する
まず、添削してもらう前提で、1記述文の作成を優先

8月　第3週目 ― ステップ3
土木技術者（上司、先輩、同僚）に添削を受ける
添削された草案を自分の言葉で最終案に仕上げる

8月　第4週目 ― ステップ4
添削を参考に、残り2つの管理項目記述文を作成する
不安があるなら、再度添削をお願いするとよい

8月　第5週目 ― ステップ5
学科記述勉強開始まで、記述文3案を暗記しておく
この時点では完全に暗記しきれなくてもよい

8月中下旬　第一次検定結果発表

9月中 ――――― 学科記述の受験勉強期間
受験1週間前から暗記度のチェックと総仕上げを行う

10月上旬　第二次検定実施

1月中旬頃 ―― 第二次検定合格発表 「国土交通大臣の1級土木施工管理技術検定合格証明書の交付手続き」を行う

3月頃以降 ―― 国土交通省から検定合格証明書が交付される

経験記述編

学科記述編

1章

KeyPoint ░░░░░ 　2か月で準備する場合のスケジュール例

経験記述と学科記述の 2 か月の学習スケジュール例を以下に示す。

8月のスケジュール							
日	月	火	水	木	金	土	備　考
1	2	3	4	5	6	7	[設問 1] 作成
●受験勉強開始・・・・・・平日は工事選び・・・・・・●この日で工事内容を整理！							
8	9	10	11	12	13	14	[設問 2] 草案作成
●たたき台作成・・・・平日仕事終わりに自己添削・・・・●草案作成（日曜にずれ込み可）							
15	16	17	18	19	20	21	[設問 2] 仕上げ
●予　備　●添削のお願い・・・・・・・・・・●受取り ●最終案の作成（必ず！！）							
22	23	24	25	26	27	28	残り 3 記述文作成
●残り 2 記述文の作成開始・・・・・・・・・・●終　了 ●2 記述の工事内容を整理							
29	30	31					完全でなくても OK
●全 3 記述文の暗記（受験直前の暗記が楽になるように）							
平日にまとまった受験勉強時間を確保するのは難しい。ほとんど毎週土日勝負か？ ◎8 月中下旬に第一次検定の合格発表！ 合格発表の勢いにのって、最もきつい 22 日の週、ステップ 4 を乗り切る！							

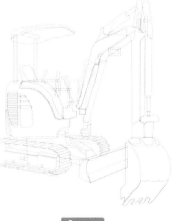

| 9月のスケジュール | | | | | | | |
日	月	火	水	木	金	土	備　考
			1	2	3	4	
			●学科記述勉強の開始・・・・・・・・・				
5	6	7	8	9	10	11	
学科記述の受験対策1【得意な科目は早く片づけて、勉強は苦手な分野に絞り込む】							
12	13	14	15	16	17	18	
学科記述の受験対策2【あまり時間が確保できない移動中、昼休み、帰宅後は参考書を読み込む】							
19	20	21	22	23	24	25	
学科記述の受験対策3【土日は腰を据えて演習問題を解く】・・●学科記述の勉強終了							
26	28	29	30	10/1	10/2		
この週から受験直前まで経験記述の暗記度チェックと学科記述の総仕上げ							
学科記述の勉強、暗記のチェック＋仕上げは毎日、通勤中、昼休み、就寝前など少しでもよいから継続させることに意味がある。◎10月上旬 — 第二次検定実施							

経験記述編

学科記述編

1章

　このスケジュール（8月は日曜日の完全確保、日々の受験勉強時間の確保）に少しでも不安を感じるなら、第一次検定が終わった7月上旬から第二次検定の準備をスタートさせることをお勧めする。その際、まとまって時間を確保できる曜日（日曜日など）をコントロールポイントに、先に示した5週間のステップ1～5を消化していけばよい。

　とにもかくにも、スムーズに受験勉強を進めるには経験記述を早く用意してしまうことに尽きる。

③ 経験記述問題の概要

　必須問題 1 では、［設問 1］工事概要の記述、［設問 2］課題に対する対応の記述が出題される。［設問 1］は毎年変わらず下表の内容であり、［設問 2］の経験記述の出題問題は主に 6 つの管理項目に分類することができる。管理項目に対する出題内容の変化はほとんどなく、出題問題『各管理項目の課題』について、現場状況と特に留意した技術的な課題、その課題を解決するために検討した項目と内容（採用に至った理由）、および現場で実施した対応処置とその評価を具体的に記述することが求められる。

【設問 1】

①工事名 ②工事の内容 ③工事現場における施工管理上のあなたの立場

【設問 2】

	管理項目	過去に出題された内容
①	品質管理	『品質を確保するための施工方法、確認方法』
②	工程管理	『現場で工夫した工程管理』
③	安全管理	『現場で実施した安全対策について』
④	出来形管理	『施工の段階での出来形管理に関して』
⑤	施工計画	『施工計画立案時の事前調査』
⑥	環境対策	『現場で工夫した環境対策』

KeyPoint 最低限の準備とは

　過去には、それまで出題されたことのない傾向の「工事を実施するために設けた仮設工で留意した…」と出題されたことがあった。この管理項目を指定しない課題に試験場であわてた人が多かった。しかし、落ち着いて考えてみると、仮設工に対する「品質の確保（品質管理）」や「工期の確保（工程管理）」、「矢板などの出来形管理」、「事故防止対策（安全管理）」に代えて対応することが可能である。このように、出題内容の予想が外れても品質管理、工程管理、安全管理の3管理項目を押さえておけば試験時にあわてることは少なくて済む。言い換えれば、第二次検定に合格するためにこの3管理項目の経験記述は必ず用意しなければならないということである。

【主な管理の目的】

品質管理……設計書、仕様書に示された規格を十分に満足する構造物を経済的につくるとともに、工事に対する信頼性を増すことを目的としている。品質管理は、施工管理の一環として、出来形管理、工程管理とも併せて行い、工事の品質および安定した工程を確保するものである。

工程管理……定められた工期内で、工程の計画と実施の管理を行うものである。工程管理は工期内に適切な進捗で、十分な精度・品質のもとに施工されていく過程の管理であり、計画段階、実施段階、確認段階、処理段階と各手順に分けて行われる。

安全管理……建設工事の安全管理は、労働安全衛生法に基づき実施されるもので、危険防止基準の確立、現場における責任体制の明確化、自主的活動の促進の処置を講じるなど、労働者および近隣住民などの第三者の安全を確保して、災害を未然に防止することにより、工事の円滑な施工と無事故、無災害を目的としている。

経験記述編

学科記述編

1章

④ 経験記述の出題形式

[設問1]　　あなたが**経験した土木工事**に関し、次の事項について解答欄に明確に記述しなさい。

[注意]　　「経験した土木工事」は、あなたが工事請負者の技術者の場合は、あなたの所属会社が受注した工事内容について記述してください。従って、あなたの所属会社が二次下請業者の場合は、発注者名は一次下請業者名となります。

　　　　　なお、あなたの所属が発注機関の場合の発注者名は、所属機関名となります。

【設問1】の解答欄

(1)工事名

工事名	

(2)工事の内容

① 発注者名	
② 工事場所	
③ 工　　期	
④ 主な工種	
⑤ 施 工 量	

(3)工事現場における施工管理上のあなたの立場

立　　場	

［設問 2］　　上記工事の**現場状況から特に留意した**○○○○に関し、次の事項
について解答欄に具体的に記述しなさい。

【設問 2】
（1）**具体的な現場状況**と特に留意した**技術的課題**

［7 行］

（2）技術的課題を解決するために**検討した項目と検討理由および検討内容**

［11 行］

（3）上記検討の結果、**現場で実施した対応処置とその評価**

［10 行］

経験記述編

学科記述編

1章

2章 経験した土木工事の選び方

① 工事種別と工事内容

　経験記述試験で書く工事を選ぶとき、「1級土木施工管理技術検定　第二次検定　受検の手引」をチェックしておくとよい。ここに「土木施工管理に関する実務経験として認められる工事種別・工事内容」と「土木施工管理に関する実務経験とは認められない工事等」が一覧表でまとめてあり、経験した土木工事を選ぶ参考にするとよい。

　一般的には、受験申込書に記載し、受験資格として認められる工事から、工事種別と工事内容を選ぶのが無難である。ただし、どうしても工事種別・工事内容が不明であるなら「一般財団法人 全国建設研修センター 土木試験課」へ問い合わせて確認すればよいが、わざわざ確認しなければならないような工事種別・工事内容を選ぶリスクは再考したほうがよいだろう。

　当然のことなのだが、実務経験として認められない工事を経験記述試験で書いても合格するはずがない。ここでは、「認められる工事種別・工事内容」をながめてみて、どの工事が経験記述の出題内容として書きやすいか、「品質管理、工程管理、安全管理」のバリエーションをつくりやすいかなど、経験記述を書き出す前に確認しておくことをお勧めする。

KeyPoint　　　書きやすい工事を選ぶ

　経験した工事を1つだけ選ぶなら特に悩むことはないが、最低でも、「品質管理、工程管理（または安全管理）」の2つ、できれば「品質管理、工程管理、安全管理」の3つの経験記述文を用意しておく必要がある。「品質管理として現場では、工程管理、安全…」と、管理項目ごとに現場を思い浮かべながら工事を選ぶが、このとき工事（現場）はなるべく少なく選んだほうがよい。単純に記述文を作成する作業時間が短縮されるし、暗記量（設問1は同じで済む）も減る。

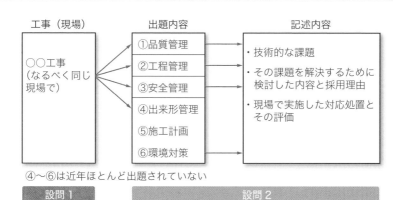

④～⑥は近年ほとんど出題されていない

設問1　　　　　　　　　　　設問2

経験記述編

学科記述編

2章

② 実務経験として「認められる工事種別・工事内容」

工事種別	工事内容
A. 河川工事	1. 築堤工事、2. 護岸工事、3. 水制工事、4. 床止め工事、5. 取水堰工事、6. 水門工事、7. 樋門（樋管）工事、8. 排水機場工事、9. 河道掘削（浚渫工事）、10. 河川維持工事（構造物の補修）
B. 道路工事	1. 道路土工（切土、路体盛土、路床盛土）工事、2. 路床・路盤工事、3. 法面保護工事、4. 舗装（アスファルト、コンクリート）工事（※個人宅地内の工事は除く）、5. 中央分離帯設置工事、6. ガードレール設置工事、7. 防護柵工事、8. 防音壁工事、9. 道路施設等の排水工事、10. トンネル工事、11. カルバート工事、12. 道路付属物工事、13. 区画線工事、14. 道路維持工事（構造物の補修）
C. 海岸工事	1. 海岸堤防工事、2. 海岸護岸工事、3. 消波工工事、4. 離岸堤工事、5. 突堤工事、6. 養浜工事、7. 防潮水門工事
D. 砂防工事	1. 山腹工工事、2. 堰堤工事、3. 地すべり防止工事、4. がけ崩れ防止工事、5. 雪崩防止工事、6. 渓流保全（床固め工、帯工、護岸工、水制工、渓流保護工）工事
E. ダム工事	1. 転流工工事、2. ダム堤体基礎掘削工事、3. コンクリートダム築造工事、4. 基礎処理工事、5. ロックフィルダム築造工事、6. 原石採取工事、7. 骨材製造工事
F. 港湾工事	1. 航路浚渫工事、2. 防波堤工事、3. 護岸工事、4. けい留施設（岸壁、汀桟橋、船揚げ場等）工事、5. 消波ブロック製作・設置工事、6. 埋立工事

実務経験として「認められる工事種別・工事内容」つづき

工事種別	工事内容
G．鉄道工事	1．軌道盛土（切土）工事、2．軌道敷設（レール、まくら木、道床敷砂利）工事（架線工事を除く）、3．軌道路盤工事、4．軌道横断構造物設置工事、5．ホーム構築工事、6．踏切道設置工事、7．高架橋工事、8．鉄道トンネル工事、9．ホームドア設置工事
H．空港工事	1．滑走路整地工事、2．滑走路舗装（アスファルト、コンクリート）工事、3．エプロン造成工事、4．滑走路排水施設工事、5．燃料タンク設置基礎工事
I．発電・送変電工事	1．取水堰（新設・改良）工事、2．送水路工事、3．発電所（変電所）設備コンクリート基礎工事、4．発電・送変電鉄塔設置工事、5．ピット電線路工事、6．太陽光発電基礎工事
J．通信・電気土木工事	1．通信管路（マンホール・ハンドホール）敷設工事、2．とう道築造工事、3．鉄塔設置工事、4．地中配管埋設工事
K．上水道工事	1．公道下における配水本管（送水本管）敷設工事、2．取水堰（新設・改良）工事、3．導水路（新設・改良）工事、4．浄水池（沈砂池・ろ過池）設置工事、5．浄水池ろ材更生工事、6．配水池設置工事
L．下水道工事	1．公道下における本管路（下水道・マンホール・汚水桝等）敷設工事、2．管路推進工事、3．ポンプ場設置工事、4．終末処理場設置工事
M．土地造成工事	1．切土・盛土工事、2．法面処理工事、3．擁壁工事、4．排水工事、5．調整池工事、6．墓苑（園地）造成工事、7．分譲宅地造成工事、8．集合住宅用地造成工事、9．工場用地造成工事、10．商業施設用地造成工事、11．駐車場整地工事　※個人宅地内の工事は除く
N．農業土木工事	1．圃場整備・整地工事、2．土地改良工事、3．農地造成工事、4．農道整備（改良）工事、5．用排水路（改良）工事、6．用排水施設工事、7．草地造成工事、8．土壌改良工事
O．森林土木工事	1．林道整備（改良）工事、2．擁壁工事、3．法面保護工事、4．谷止工事、5．治山堰堤工事
P．公園工事	1．広場（運動広場）造成工事、2．園路（遊歩道・緑道・自転車道）整備（改良）工事、3．野球場新設工事、4．擁壁工事
Q．地下構造物工事	1．地下横断歩道工事、2．地下駐車場工事、3．共同溝工事、4．電線共同溝工事、5．情報ボックス工事、6．ガス本管埋設工事

工事種別	工事内容
R. 橋梁工事	1. 橋梁上部（桁製作、運搬、架線、床版、舗装）工事、2. 橋梁下部（橋台・橋脚）工事、3. 橋台・橋脚基礎（杭基礎・ケーソン基礎）工事、4. 耐震補強工事、5. 橋梁（鋼橋、コンクリート橋、PC橋、斜張橋、つり橋等）工事、6. 歩道橋工事
S. トンネル工事	1. 山岳トンネル（掘削工、覆工、インバート工、坑門工）工事、2. シールドトンネル工事、3. 開削トンネル工事、4. 水路トンネル工事
T. 鋼構造物塗装工事	1. 鋼橋塗装工事、2. 鉄塔塗装工事、3. 樋門扉・水門扉塗装工事、4. 歩道橋塗装工事
U. 薬液注入工事	1. トンネル掘削の止水・固結工事、2. シールドトンネル発進部・到達部地盤防護工事、3. 立坑底盤部遮水盤造成工事、4. 推進管周囲地盤補強工事、5. 鋼矢板周囲地盤補強事 ※建築工事、個人宅地内の工事は除く
V. 土木構造物解体工事	1. 橋脚解体工事、2. 道路擁壁解体工事、3. 大型浄化槽解体工事、4. 地下構造物（タンク）等解体工事
W. 建築工事（ビル・マンション等）	1. PC杭工事、2. RC杭工事、3. 鋼管杭工事、4. 場所打ち杭工事、5. PC杭解体工事、6. RC杭解体工事、7. 鋼管杭解体工事、8. 場所打ち杭解体工事、9. 建築物基礎解体後の埋戻し、10. 建築物基礎解体後の整地工事（土地造成工事）、11. 地下構造物解体後の埋戻し、12. 地下構造物解体後の整地工事（土地造成工事）
X. 個人宅地工事	1. PC杭工事、2. RC杭工事、3. 鋼管杭工事、4. 場所打ち杭工事、5. PC杭解体工事、6. RC杭解体工事、7. 鋼管杭解体工事、8. 場所打ち杭解体工事
Y. 浄化槽工事	1. 大型浄化槽設置工事（ビル、マンション、パーキングエリアや工場等大規模な工事）
Z. 機械等設置工事（コンクリート基礎）	1. タンク設置に伴うコンクリート基礎工事、2. 煙突設置に伴うコンクリート基礎工事、3. 機械設置に伴うコンクリート基礎工事
AA. 鉄管・鉄骨製作	1. 橋梁、水門扉の工場での製作

※「解体工事業」は建設業許可業種区分に新たに追加された。（平成28年6月1日施行）
※解体に係る全ての工事が土木工事として認められる訳ではない。
※上記道路維持工事（構造物の補修）には、道路標柱、ガードレール、街路灯、落石防止網等の道路付帯設備塗装工事が含まれる。

経験記述編

学科記述編

2章

❸ 実務経験として「認められない工事種別・工事内容」

工事種別	工事内容
建築工事 （ビル・マンション等）	躯体工事、仕上工事、基礎工事、杭頭処理工事、建築基礎としての地盤改良工事（砂ぐい、柱状改良工事等含む）　等
個人宅地内の工事	個人宅地内における以下の工事 造成工事、擁壁工事、地盤改良工事（砂ぐい、柱状改良工事等含む）、建屋解体工事、建築工事および駐車場関連工事、基礎解体後の埋戻し、基礎解体後の整地工事　等
解体工事	建築物建屋解体工事、建築物基礎解体工事　等
上水道工事	敷地内の給水設備等の配管工事　等
下水道工事	敷地内の排水設備等の配管工事　等
浄化槽工事	浄化槽設置工事（個人宅等の小規模な工事）　等
外構工事	フェンス・門扉工事等囲障工事　等
公園（造園）工事	植栽工事、修景工事、遊具設置工事、防球ネット設置工事、墓石等加工設置工事　等
道路工事	路面清掃作業、除草作業、除雪作業、道路標識工場製作、道路標識管理業務　等
河川・ダム工事	除草作業、流木処理作業、塵芥処理作業　等
地質・測量調査	ボーリング工事、さく井工事、埋蔵文化財発掘調査　等
電気工事 通信工事	架線工事、ケーブル引込工事、電柱設置工事、配線工事、電気設備設置工事、変電所建屋工事、発電所建屋工事、基地局建屋工事　等
機械等製作・塗装・据付工事	タンク、煙突、機械等の製作・塗装および据付工事　等
コンクリート等製造	工場内における生コン製造・管理、アスコン製造・管理、コンクリート2次製品製造・管理　等
鉄管・鉄骨製作	工場での製作　等
建築物および建築付帯設備塗装工事	階段塗装工事、フェンス等外構設備塗装工事、手すり等塗装工事、鉄骨塗装工事　等
機械および設備等塗装工事	プラントおよびタンク塗装工事、冷却管および給油管等塗装工事、煙突塗装工事、広告塔塗装工事　等

工事種別	工事内容
薬液注入工事	建築工事（ビル・マンション等）における薬液注入工事（建築物基礎補強工事等）、個人宅地内の工事における薬液注入工事、不同沈下建造物復元工事　等

KeyPoint　　　　**土木工事でなければならない**

　土木工事は、ストレートに実務経験として認められている工事から選べばよい。ただし、認められていない工事のなかにも建築工事などにおける「基礎工事」や、造園工事の「園路、広場、擁壁工事」などが土木工事として認められているので、工事名が対象外でも工事内容を確認するとよい。

経験記述編

学科記述編

2章

3章 経験記述文の構成とルール

1 つまらないことで減点されないために

論文形式の試験では、文章を書くにあたって最低限守らなければならないルールがある。あまりに基本的で、初歩的なことばかりであるが、これから記述文を書く前に一度チェックしておいたほうがよい。

(1) 書き始める前に

絶対に忘れてはならないことは、答案は採点官に読まれること（読んでもらうこと）である。また、採点官は発注者ではないので、答案に書かれた内容以外のことはわからない。一方的な記述文にならないよう注意すること。

(2) 起承転結では書けない（序論―本論―結論）

文章を書くとき「起承転結」で書くようにと教えられたと思うが、小論文や技術レポートで書くべき内容は「起承転結」の文章構造にまったく向いていない。そもそも、小説やエッセイなどではないので「転」で話題を転じる必要性がないし、字数制限があるので、話題を転じている余裕などない。

経験記述文（他に小論文、技術レポート）においては、起承転結にこだわることなく「序論－本論－結論」という構成で書くとよい。このほうが簡潔で書きやすく、論点も明確になる。

(3) 解答用紙への書き方チェック

● **HB の鉛筆などで書く**

薄い芯で書かれたものは読みづらいし、自信がなさそうに見える。採点官が読みやすいように HB のシャープペンシル（芯は 0.7 がおすすめ）または鉛筆（製図用の少し硬めのホルダー芯もおすすめ）で書くようにする。

● **書き出し、段落の最初は 1 マスあける**

採点官が最初に目にするところで、これは大原則である。内容云々より、こんな基本的なこともわかっていないのかと思われてしまう。

● **空白行はつくらない**

字数制限がある場合、8 割以上書かないと減点の対象もしくは採点の対象にな

らない場合がある。明確な字数制限のない経験記述文においては、できる限り空白行をつくらないようにする。

(4) 文章表現のチェック

● 文体は統一する

記述文の文体は「です、ます」調ではなく、「だ、である」調で統一するのが一般的である。特に、混ぜて使うのはよくない。

● 字がきたない、へた、は気にしない

字がきたない、へただからという理由だけで採点されなかったり、減点の対象になったりすることはない。ていねいに書かれてあればよい。ただし、雑であったり、乱暴に書かれた文章は論外である。

● 短く簡潔にまとめる

主語、述語、修飾語が複雑で長い文章は書かない。1つのパラグラフ（段落）で1つのことを簡潔に書くようにする。

● 誤字脱字をなくす

何度もチェックするしかないが、記述文を暗記する際、タイピング（キーボード入力）ではなく手で書いて暗記しておくとミスは少なくなる。

● 話し言葉で書かない

「だから」は「したがって」、「でも」は「しかし」などとし、口語的表現は避ける。

2 経験記述文 [設問 1] の基本的なルール

経験記述 [設問 1] を書くときに注意すべき、具体的なチェックポイントを以下に示す。書き始める前に、経験記述に選んだ工事の契約書のコピーを用意しておく。工事の選び方は、本編「2章　経験した土木工事の選び方」（10ページ）を参照するとよい。

(1) 工事名 [設問 1]

工事名のチェックポイントは下記の2点である。

- その工事名で、土木工事と判断できるか
- その工事名で、本当に実施されたものと判断できるか

1級土木施工管理技術検定の実務経験と認められない工事と判断されると不合格になる。ただし、建築工事のうち基礎工事、造園工事のうち園路工事、広場工事、擁壁工事が土木工事とみなされる。正規の工事名で土木工事と特定できない場合は、

「○○○建築工事（場所打ち杭工）」などと補足しておくとよい。

その工事が実在する工事であることを示すためには、地域、地区、路線名など現場を特定できるようにしておく必要がある。正規の工事名がそれらを特定できない場合も「県道○○線（○○地区）改良工事」と補足しておくとよい。

(2) 工事の内容 ［設問1］

工事内容のチェックポイントは下記の2点である。

・その工事内容は、本当に実施されたものと判断できるか

・その工事内容（工種・数量）は、技術的課題と整合性がとれているか

① 発注者名

役所名、元請けの工事会社名を記述する。知事名などの代表者名は必要ない。「○○工事事務所」、「○○県○○課」、「株式会社○○建設」など

② 工事場所

工事場所は、県、市町村、番地まで詳しく記述する。

③ 工　期

工事契約書のとおりに、「令和○○年○○月○○日～令和○○年○○月○○日」、海外工事では「2021年○○月○○日～2022年○○月○○日」などと、日にちまで記述する。工期は必ず終了していなければならない。工事全体が複数年にわたって行われている場合は、竣工検査が終了しているものを選ぶ。また、⑤の施工量と整合のとれた工期であるかチェックする必要がある。

④ 主な工種

主な工種は、［設問2］で書こうとする「(1) 工事名」の工種を記述する。注意しなければならないのが、工事名ではなく工種である。［設問2］の技術的課題として取り上げる工種であるから、複数の工種を挙げる必要がなく2工種程度で十分である。ただし［設問2］が複数の工種にわたって書かれているのであれば、その工種をここで記述する。

⑤ 施工量

施工量も、主な工種と同様に［設問2］で書こうとする工種の施工量を内容（規格）・数値・単位で記述する。くれぐれも「○○工　一式」とは書かないこと。ここで示す施工量は、［設問2］の技術的課題の対応処置が妥当であるかの判断基準にもなるし、施工量と工事期間とで、その工事が実施されたものか判断される。

施工量の例

⑤ 施工量 （工種：舗装工）	○○線○工区 $L=590$ m 表層 5,605 m²、路盤 5,369 m²

⑤ 施工量 （工種：仮設工）	鋼矢板Ⅱ型、$L=6.5$ m、36 枚

⑤ 施工量 （工種：基礎工）	PHC φ600 mm、$L=18$ m、20 本 上杭 C 種 6.0 m、下杭 A 種 12.0 m

(3) 工事現場における施工管理上のあなたの立場［設問 1］

　施工管理を行う指導・監督的な立場でなければならないことから、「現場監督」、「現場主任」、「主任技術者」、「発注者側監督員」などと記述することになる。「作業主任者」や「設計者」、「○○係」などは施工管理を行う立場にないので、施工管理を行う立場で実施した工事を選ばなければならない。

　立場の記述は、「督」の誤字に注意すること。また、立場を略称で記述しない。自分の立場を誤字・脱字して合格した話など聞いたことがないので、気をつけること。

KeyPoint　　　　**設問 1 と設問 2 の整合性**

　工事内容は［設問 2］と整合性がとれており、技術的課題の対応処置を補完するものでなければならない。特に施工量などは、技術的課題を説明する重要なポイントになる。詳細に書けばよいのではなく、設問 2 を過不足なく説明できる施工量であればよいのである。［設問 2］の記述文を書いた後で、もう一度［設問 1］の施工量をチェックしておきたい。

　実際の受験対策では、［設問 1］の工事を選んでから、［設問 2］の記述を書くのではなく、［設問 2］が書きやすい工事を選ぶことになる。後述する［設問 2］の対策を立ててから［設問 1］の内容を精査するのが現実的である。

工事の選択

・契約書、設計書を用意する

設問2 技術的課題の草案作成

・特に留意した技術的課題
・課題を解決するために検討した内容 の書きやすい工事を選ぶ
・現場で実施した対応処置

設問1 工事概要の整理

・工期
・主な工種 この3つの整合性は良いか？
・施工量 設問2に見合う内容か？ 契約書と違いはないか？

【設問 1 の記述例】

［設問 1］　あなたが経験した土木工事に関し、次の事項について解答欄に明確に記述しなさい。

【設問 1】の解答

(1)工事名

工事名	第○号幹線水路工事

◀詳しく書く

・現実に実施された土木工事であることが判断できること
・地域が特定できること、土木工事であることが判断できること
・契約書の工事名に地域などの記載がなければ（　）で追記しておく

Check Point!

(2)工事の内容

① 発注者名	埼玉県○○土木事務所	◀正確に書く
② 工事場所	埼玉県○○市○○町○－○	◀詳しく書く
③ 工　　期	令和○○年 9 月 2 日～令和○○年 2 月 4 日	◀契約書の日にち
④ 主な工種	排水路工	◀工種であること
⑤ 施 工 量	○○幹線 $L = 830$ m 現場打ちコンクリート 1,660 m^3	◀工種の数量 　設問 2 の数量

・現実に実施された土木工事であることが判断できること
・工期は終了していること
・技術的課題（設問 2）と整合がとれた工種、施工量であること
　①工期は、技術的課題だけでなく、工種、施工量に妥当な期間か？
　②工種は、技術的課題だけでなく、工期、施工量に妥当な種別か？
　③施工量は、技術的課題だけでなく、工期、工種に妥当な数量か？
・特に施工量は技術的課題を説明できる数量であること

Check Point!

(3)工事現場における施工管理上のあなたの立場

立　　場	現場監督

・施工管理を行う立場であること
・誤字・脱字に注意し、略称で書かないこと

Check Point!

❸ 経験記述文 [設問 2] の基本的なルール

経験記述問題の [設問 2] では、[設問 1] で記述した工事について、具体的な技術的課題のテーマについて記述しなければならない。

(1) 出題傾向と対策方針の確認

経験記述 [設問 2] を作成するにあたり、過去に出題された内容をもう一度確認しておく。実際に出題された内容は、重要度の高い①〜③、過去に出題されたことのある④〜⑤、参考に⑥の管理項目に分類される。

経験記述 [設問 2] では、出題される①〜⑥の管理項目に対し、(1) 〜 (3) の課題に答えなければならない。

[設問 2] の出題内容

管理項目	過去に出題された主な内容（特に留意した技術的課題）
①品質管理	『品質を確保するための施工方法』 『品質を確保するための確認方法』 『降雨の影響を防止するための品質確保対策』
②工程管理	『現場で工夫した工程管理』
③安全管理	『安全対策（交通誘導員は除く）』 『安全施工の作業開始前点検』 『現場で実施した毎日の安全管理活動』
④出来形管理	『施工の段階での出来形管理に関して』
⑤施工計画	『施工計画立案時の事前調査』
⑥環境対策	過去に出題はないが、『現場で工夫した環境対策』など

[設問 2] の対策方針

管理項目	(1)　特に留意した技術的課題	(2)　課題を解決するために検討した内容と採用に至った理由	(3)　現場で実施した対応処置とその評価
①品質管理	材料の品質確保 施工の品質確保	材料の良否 機械能力の適正化 施工方法による品質	全項目共通で、最後に『〜品質が確保された』など、管理項目の課題を満足したとする
②工程管理	工期の遵守 工期の短縮	材料の手配・変更 機械の大型化 施工能力の増強	
③安全管理	労働者の安全確保 工事の安全確保 工事外の安全確保	仮設備の点検と安全性 使用機械の安全性 安全管理の実施方法	
④出来形管理	構造物の形状確保 材料の品質確保	材料の良否 使用機械の適正化 施工方法による品質	

管理項目	(1) 特に留意した技術的課題	(2) 課題を解決するために検討した内容と採用に至った理由	(3) 現場で実施した対応処置とその評価
⑤施工計画	品質、工程、安全を確保する計画	対象とする項目による	全項目共通で、最後に「～品質が確保された」など、管理項目の課題を満足したとする
⑥環境対策	公衆災害防止対策	騒音振動・仮設備の処置 低公害機械の使用 低公害工法の採用	

※項目別の対処方法は以下に記す。

(2) 特に留意した技術的課題

　技術的課題として取り上げる代表的な内容を、管理項目ごとに示す。ここに示す内容は代表的な例でしかないので、自身の経験に合わせて技術的課題を選ぶことが必要である。

① 品質管理

　品質管理の実施は、一般に下記のような手順で進められる。この品質管理の手順を踏まえて、技術的課題として記述する内容を考えるとよい。

品質管理の手順

品質特性の決定
　管理しようとする品質特性（材料強度 $\sigma_{ck} = 21\,\text{N/mm}^2$ や締固め度など）および特性値を定める

品質標準の決定
　設計書、仕様書に定められた規格に合ったものとして、品質の平均とばらつきの幅を定める

作業標準の決定
　品質標準を守るために、作業標準として作業方法、作業手順、使用機械、使用設備などに関する基準を定める

試験・測定の実施
　試験方法や検査方法の標準を土木工事施工管理基準などから定める

規格のチェック
　ヒストグラムなどにより品質標準の満足度を判定する
工程のチェック
　管理図などにより工程の安定を判断する

現状維持による作業の続行か是正処置

品質管理の技術的課題として何を取り上げるか、国土交通省の品質管理基準および規格値から代表的工種を示す。

工　事	種　別	試験項目
セメント コンクリート	材料	骨材、セメント、練混ぜ水など
	製造	計量設備、ミキサなど
	施工	塩化物、単位水量、スランプ、圧縮強度、空気量など
	施工後	ひび割れ調査、強度推定調査、鉄筋かぶりなど
ガス圧設	施工前後	外観検査
既成杭	材料	外観検査
	施工	外観検査、現場溶接、根固め強度など
上・下層路盤	材料	CBR、骨材、土、スラグなど
	施工	現場密度、平板載荷など
セメント安定処理 路盤	材料	一軸圧縮、骨材、土の液性塑性など
	施工	現場密度、セメント量など
アスファルト舗装	材料	骨材、フィラーなど
	プラント	粒度など
	舗装現場	現場密度など
補強土壁	材料	土の締固め、材料の外観検査など
	施工	現場密度など
土工（河川・道路・ 砂防など）	材料	粒度、密度、含水比など、土質試験一式
	施工	現場密度、含水比など

② 工程管理

　工程管理の技術的課題として取り上げる内容は、基本的に前工程のフォローアップと工期の厳守の2つに分類できる。

> **記述する内容の例**
> ・工期が遅れていて工期短縮を図る必要がある場合
> ・雨天などが予想されるが工期の遅れが許されず工期を厳守する場合

③ 安全管理

　安全管理の技術的課題として取り上げる内容は、労働安全衛生法に基づき実施し

た事項とする。実施した内容については、労働安全衛生規則に則した具体的な数値で下記の内容を記述することになる。

> **記述する内容の例**
> ・仮設備工事の安全対策
> ・工事作業の安全対策（防護柵設置、足場設置）
> ・工事車両の安全対策（誘導員配置）
> ・近隣住民への安全対策
> ・通行車両、歩行者および沿道物件への安全対策
> ・安全パトロールの実施、安全訓練など

④ 出来形管理

出来形管理の技術的課題として取り上げる内容には、以下の例がある。「品質管理」の結果として「出来形管理」があるので、品質管理を軸に出来形寸法に注意して準備しておけばよい。

> **記述する内容の例**
> ・出来形寸法を満足することが困難な場合
> ・特に出来形寸法を満足させる必要がある場合

⑤ 施工計画

施工計画は、目的の物をどのような施工方法、段取りで、所定の工期内に適正な費用で、安全に施工し管理するかを定めるものである。これは、施工管理全体を対象としていることから、全ての管理項目が該当する。例えば「工期を守るための施工計画」、「品質・安全・環境保全を確保するための施工計画」などである。

> **記述する内容の例**
> ・使用する建設機械と資材の選定、搬入計画
> ・施工体制の確立（自社、下請けの選定など）
> ・他管理項目に対する施工計画
> ・仮設備の配置計画
> ・特定の工事の施工方法と施工手順

⑥ 環境対策

環境（保全）対策の技術的課題として取り上げやすい内容は、実施例の多い騒音・振動対策と思われる。特定建設作業（杭打ち機、びょう打ち機、削岩機、大型建設機械など政令で指定されている種類、規模の機械を使用する作業）を伴う工事を施工する場合は、事前に市町村長へ届出が必要となり、騒音規制基準、振動規制基準が明確であるので記述内容は明快であろう。

> 記述する内容の例
> ・施工時の近隣住民への騒音対策として、低騒音型建設機械の採用
> ・施工時の近隣住民への振動対策として、低振動型建設機械の採用
> ・工事用車両が現場外へ出る際の粉塵対策
> ・施工時に発生する濁水処理
> ・施工量に配慮して、工事量（建設機械・工事車両）の平準化を行う

技術的課題は、一般に３ブロックに分けて書くのが良い。

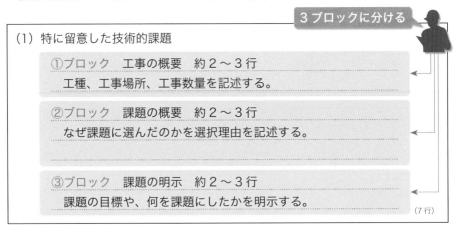

３ブロックに分ける

(1) 特に留意した技術的課題

①ブロック　工事の概要　約２〜３行
工種、工事場所、工事数量を記述する。

②ブロック　課題の概要　約２〜３行
なぜ課題に選んだのかを選択理由を記述する。

③ブロック　課題の明示　約２〜３行
課題の目標や、何を課題にしたかを明示する。

(7 行)

(3) 課題を解決するために検討した**項目と検討理由および検討内容**

　ここで記述する内容のポイントは、選んだ課題に対して、「どのように検討し現場で対応したかを簡潔に書く」ことと、「本当に現場で実施したことがわかる」ものでなくてはならない。現場でしかわからない作業状況・作業手順、使用する材料条件、使用機械の規格検討など、選んだ課題の処理内容を記せばよい。

　課題を解決するための検討内容と採用理由の解答も、一般に3ブロックに分けられる。

（2）課題を解決するために検討した内容と採用に至った理由

> ①ブロック　序論　約2〜3行
> どの管理項目を検討したのかを書く。決まり文句。

> ②ブロック　本論　約5〜7行
> 課題を検討した過程や内容、施工量など、課題を解決するために行った内容を明確に記す。

> ③ブロック　結論　約2〜3行
> 課題の解決、処理方法を書く。

(11行)

（4）現場で実施した対応処置とその評価

　現場で実施した対応処置を簡潔に書く。施工手順、数量など現場で実際行ったことがわかるように示すことが求められる。最後に、技術的課題が解決されたことを必ず記述する。

> 最後に記述する内容の例
> ・品質管理　　　：〜品質を確保した。
> ・工程管理　　　：〜所定の工程を確保した。
> ・安全管理　　　：〜安全が確保された。
> ・出来形管理　　：〜出来形寸法を確保した。
> ・施工計画　　　：〜を満足した。〜を行った。　など
> ・環境対策　　　：〜環境保全を行った。
> 評価として記述する例
> ・工事全般共通：〜（技術的課題）を解決することにより、（工期短縮など）
> 　　　　　　　　を図ることができたことが評価できる。　など

現場で実施した対応処置は、一般に4ブロックに分けられる。

（3）上記検討の結果、現場で実施した対応処置とその評価

①ブロック　対応処置の序論　約1〜2行

②ブロック　対応処置の本論　約4〜5行
課題を解決するために検討した内容について、現場で実施した内容を書く。

③ブロック　対応処置の結論　約1〜2行

④ブロック　成果の評価　約1〜3行

(10行)

【設問 2 の記述例】

Check Point!

【設問 2】

(1)「品質管理」に関して、具体的な現場状況と特に留意した技術的課題

　　本工事は、県道○○線○工区で実施する舗装工事で、路床、路盤 5,605 m²、表層 5,369 m² を施工するものであった。計画では、県道○○線の日交通量は 5,600 台と非常に多く予想されていることから、仕様書に定めるように、路床の設計 CBR を 6％以上とする路床の品質管理を課題とした。

- **工事の概要**
  - 数量、地域、工種
- **課題の概要**
  - 課題の選択理由
- **課題の明示**
  - 課題の（数値）目標

［7 行］

(2) 技術的課題を解決するために検討した項目と検討理由および検討内容

　　路床の品質管理を行うために以下の事項を検討した。
　　(1) 路床土の試験結果は、含水比 19.8％、乾燥密度 1.697 g/cm³、CBR0.8％と設計 CBR が 3％以下であり、路床改良が必要となった。
　　(2) 路床改良は、現場で良質土が発生しないことと、2,300 円/m³ の購入土より経済的なセメント安定処理工法 980 円/m³ を採用した。
　　(3) 固化材の配合試験は、4％、8％、12％を行い、CBR 値と添加率の相関より CBR6％以上となる設計添加量を決定した。

- **序 論**
  - 決まり文句
- **本 論**
  - 現場で実際に行った課題に対する対応策、検討内容がわかるように記す
  - 施工量に合った検討内容とすること
- **結 論**
  - 課題の処理結果

［11 行］

(3) 上記検討の結果、現場で実施した対応処置とその評価

　　現場では以下の対応処置を行った。
　　(1) 配合試験から、それぞれの固化材添加率に対し CBR 値 4％、12％、22％を得た。
　　(2) 3 回の試験結果をグラフ化し、相関から CBR6％に対する添加率 4.6％を得た。
　　(3) 添加量を、乾燥密度×添加率×割増率＝89.8 kg/m³ とし、路床の CBR6％を確保した。
　　以上による添加量の設定と路床 CBR を確保することにより、交通量の多い県道○○線の路床を確実に施工することができた。

- **序 論**
  - 決まり文句
- **本 論**
  - (2) と同じ文章構成でよく、(2) に対する現場での実施内容を記す
- **結 論**
  - 決まり文句
  - 実施内容と評価を簡潔に記す

［10 行］

経験記述編

学科記述編

3章

KeyPoint ┊┊┊┊┊┊┊┊┊ **設問2のテンプレート―いかに簡潔にまとめるか**

　過去の受験者が書いた記述文を見ると、設問2の記述文はおおむね以下のような文章構成で書かれているものが多い。￣￣￣の中は技術的課題、各工事、工種によって変わるところである。ただし、この構成にこだわる必要はなく、いかに簡潔で要領よくまとめるか、参考程度に見てもらいたい。

(1) ○○○○に関して、具体的な現場状況と特に留意した技術的課題（全7行）

記述文の概要	本　文
工事概要―――――約3行	本工事は、（工事の目的）するために、（工事数量）を、（工事・工種）する工事である。
なぜ課題に選んだか――約3行	施工にあたり、（現場の状況）であり、（この記述のキーワード）とする必要があったので、本工事において（工事・工種）
何を課題にしたのか――約1行	の（技術的課題）を課題とした。

(2) 技術的課題を解決するために検討した項目と検討理由および検討内容（全11行）

記述文の概要	本　文
前文――――――――約2行	（技術的課題）を（解決結果）するために次のように検討した。
検討した過程、内容――約7行	（対策工法の検討）と（採用理由）（検討した内容）などを行った。
課題の解決方法―――――約2行	（工事・工種）の（技術的課題）を（解決する方法）のようにした。

(3) 上記検討の結果、現場で実施した対応処置とその評価（全10行）

記述文の概要	本　文
前文――――――――約1行	検討の結果、以下の処置を行った。
現場で実施した内容――約4行	（詳細な対処方法）（詳細数量）など、現場で実施した事項を行うことで、
解決方法の結果―――――約2行	（技術的課題）を確保した。
検討内容評価―――――約3行	（工事の目的）を満足することができた。

4章

経験記述の学習対策

① 経験記述文の暗記方法のコツ

　経験記述文［設問2］で書く量は約621字程度、これを最低「品質管理、工程管理、安全管理」の3管理項目分用意すると、受験日までに約1,800字を暗記しておく必要がある。それに加えて［設問1］も覚えておく必要があるから、なるべく効率よく暗記しておく必要がある。

暗記作業のコツ

平日の暗記作業のコツ

○短時間で集中して覚える

　記憶するときは、短時間で集中して記憶するように心がける。途中で何度も中断するくらいなら、早く寝たほうがまし。

○毎日、繰り返し覚える

　いったん覚えても、時間がたてば誰でも忘れる。毎日、繰り返し頭に入れるしかない。

休日の暗記作業のコツ

○インプット＋アウトプット

　頭に入れた（インプット）だけで安心しないこと。必ず暗記文を「声に出す」「紙に書きだす」など、アウトプットして確認する。

○手で覚える

　試験当日は答案用紙に暗記した文章を書くのだから、アウトプットは手で書くのが一番良い。漢字の誤字も少なくなる。

憶え方のコツ

○ブロックのキーワードを覚える

　必ずしも全文暗記する必要はない。記述文を構成するブロックごとのキーワードを暗記しておき、試験当日、キーワードに肉付けしていく方法もある。覚える文章量が少なく、書きたいポイントを外さない記述文となるが、記述文のストーリーは頭に入れておく必要がある。

---

② 経験記述文の暗記が不安な人へ

　経験記述文を暗記しておくことが大前提であるが、試験当日の対策として、検定試験が始まったら、まず問題用紙の空いているところへ暗記している記述文を書いてしまう。完全に暗記文を書き出せなくても、まずは課題（1）〜（3）のキーワードから「空いているところへ」書き出して、それに肉付けして下書きを仕上げていく。暗記文の書き出しに行き詰まったら、問題を解いて気分を変えるとよい。

　予想の課題が外れた場合でも、焦らず問題用紙の空いているところへ覚えているものを書いてしまう。予想が外れた課題でも、ストーリーの組立ては使えるし、書いているうちにそれに該当する現場での事柄を思い出すはずである。実務経験があるのだから、決して焦らない。

　経験記述文をキーワードから下書きすることで、
　　　○行数、文字数の調整ができる。
　　　○いきなり書き始めるより、解答用紙に消しゴムをかける回数が格段に減る。
　　　○キーワードを押さえておくことで、ストーリーが明確になる。
　　　○予想が外れた場合でも、ストーリー構成を利用しやすい。

キーワードと経験記述文の例

　課題のキーワードと経験記述文の作成例を以下に示す。記述文の作成、日々の暗記、試験当日の対策に際し、参考にしてほしい。

（1）技術的課題

	工事の概要	課題の原因	課題の目標
キーワード	路床、路盤 5,605 m^2、表層 5,369 m^2	日交通量は 5,600 台と非常に多く	路床の設計 CBR を 6％以上とする路床
	キーワードから本文を作成する ↓		
本文の例	本工事は、県道○○線○工区で実施する舗装工事で、路床、路盤 **5,605 m^2**、表層 **5,369 m^2** を施工するものであった。 　計画では、県道○○線の日交通量は **5,600 台**と非常に多く予想されていることから、仕様書に定めるように、路床の設計 **CBR を 6％以上**とする路床の品質管理を課題とした。		

(2) 課題を解決するために検討した内容と採用に至った理由

	課題の解決手順		
キーワード	設計 CBR が 3 以下であり、路床改良が必要	経済的なセメント安定処理工法 980 円 /m³ を採用	CBR6％以上となる設計添加量を決定
	キーワードから本文を作成する ↓		
本文の例	路床の品質管理を行うために、下記の検討を行った。 (1) 路床土の試験結果は、含水比 19.8％、乾燥密度 1.697 g/cm³、CBR0.8 と設計 CBR が 3 以下となり、設計 CBR が不足するため路床改良が必要となった。 (2) 路床改良を検討するにあたり、現場で良質土が発生しないこととから、2,300 円 /m³ の購入土との比較検討の結果、経済的なセメント安定処理工法 980 円 /m³ を採用した。 (3) 固化材の配合試験は、4％、8％、12％について行い、CBR 値と固化材添加率の相関より CBR6％以上となる設計添加量を決定した。		

(3) 現場で実施した処理とその評価

	現場での処理手順とその評価		
キーワード	固化材添加率に対し、CBR 値 4 ％、12 ％、22％を得た	CBR6 ％ に対する添加率 4.6％を得た	添加量を 89.8 kg/m³ とし、路床の CBR6％を確保
	キーワードから本文を作成する ↓		
本文の例	現場では以下の対応処置を行った。 (1) 配合試験から、それぞれの固化材添加率に対し、CBR 値 4％、12％、22％を得た。 (2) 3 回の試験結果をグラフ化し、相関から CBR6％に対する添加率 4.6％を得た。 (3) 添加量を、乾燥密度×添加率×割増率＝ 89.8 kg/m³ とし、路床の CBR6％を確保した。 　評価としては、経済的で確実な安定処理工法を実施できたことである。		

経験記述編

学科記述編

4章

Memo

5章 主要3＋次要3管理項目の対策方法（6例文）

　ここに、実際に添削された同一工事種別における、各管理項目の6例文を示す。採点のポイントを確認して、何を詳しく書くべきか自身の例文の参考にしてほしい。

No	管理項目	工事種別	技術的な課題
1	品質管理	道路工事	路床の品質管理
2	工程管理	道路工事	工期短縮
3	安全管理	道路工事	歩行者の安全確保
4	出来形管理	道路工事	基礎杭の出来形管理
5	施工計画	道路工事	既製杭の施工計画
6	環境対策	道路工事	固化材使用時の環境保全対策

※ 他工事の例文は「6章　経験記述例文集」を参照

■ 添削内容

添削項目	例文中の添削凡例
内容のチェック	✓ OK!　　改善点など
疑問・修正箇所	
添削コメント	◀
課題の　「目　標」 　　　　　「処　置」 　　　　　「結　果」 の関連づけ	「〜路床の品質管理を課題とした。」 「〜設計添加量を決定した。」 「〜路床の CBR6%を確保した。」 　　　　　　　　のように赤字で示す
評価欄のコメント	（改善事項） 　記述内容に不足があるもの、わかりにくいものなど （一般事項） 　設問1、2の整合性 　設問2、課題の関連づけなど

注意）ここに示す記述例は、合格を保証するものではなく、自身の経験を効率よく「経験記述形式」にするための参考に示すものである。

経験記述編

学科記述編

5章

No. 1	管理項目	工　種	技術的な課題
	品質管理	道路工事	路床の品質管理

【設問１】

(1)工事名　　| 工事名 | ○○地区第○号道路改良工事 ✓*OK!* |

(2)工事の内容

① 発注者名	千葉県○○建設事務所 ✓*OK!*
② 工事場所	千葉県○○市○○町○－○ ✓*OK!*
③ 工　　期	令和○○年９月２日〜令和○○年２月４日 ✓*OK!*
④ 主な工種	路床工 ✓*OK!*
⑤ 施 工 量	○○線○工区 L＝590 m ✓*OK!* 路盤 5,605 m^2、表層 5,369 m^2 ✓*OK!*

　　　　　　　　　　　　　　　　　　　　　　　　━━ 路床・路盤とする

(3)工事現場における施工管理上のあなたの立場

| 立　　場 | 現場監督 ✓*OK!* |

『評　価』

(改善事項)
・本答案のテーマが路床であることを強調すること。
・設計交通量を記述すること。
・添加量配合試験の「相関」、「計算式」は正確性を明記するとよい。

(一般事項)
・設問１と２の整合性はとれている。
・課題の目標、課題の処置、課題の結果の関連づけはされている。

注意）例文中では具体的な地区名、発注者、工事場所を伏せてあるが、実際の答案に
　　　は詳細に記入すること。

【設問2】

(1) 品質管理に関して、具体的な現場状況と特に留意した**技術的課題**

　　本工事は、県道○○線○工区で実施する舗装工事で、路床、路盤 5,605 m²、表層 5,369 m² を施工するものであった。計画では、県道○○線の日交通量は 5,600 台と非常に多く予想されていることから、仕様書に定めるように、路床の設計CBR を 6％以上とする路床の品質管理を課題とした。✓OK!

◀設計交通量が決まっているはず。それを示すこと

[7行]

(2) 技術的課題を解決するために検討した項目と**検討理由および検討内容**

　　路床の品質管理を行うために以下の事項を検討した。

(1) 路床土の試験結果は、含水比 19.8％、乾燥密度 1.697 g/cm³、CBR0.8 と設計 CBR が 3 以下であり、路床改良が必要となった。✓OK!

◀他の記述を合わせてCBR 値○％とする

(2) 路床改良は、現場で良質土が発生しないことと、2,300 円/m³ の購入土より経済的なセメント安定処理工法 980 円/m³ を採用した。✓OK!

(3) 固化材の配合試験は、4％、8％、12％を行い、CBR 値と添加率の相関より CBR6％以上となる設計添加量を決定した。✓OK!

[11行]

(3) 上記検討の結果、**現場で実施した対応処置とその評価**

　　現場では以下の対応処置を行った。

(1) 配合試験から、それぞれの固化材添加率に対し CBR 値 4％、12％、22％を得た。

(2) 3 回の試験結果をグラフ化し、相関から CBR6％に対する添加率 4.6％を得た。

(3) 添加量を、乾燥密度×添加率×割増率＝89.8 kg/m³ とし、路床の CBR6％を確保した。✓OK!

◀割増率の値を記入する

　　以上による添加量の設定と路床 CBR を確保することにより、交通量の多い県道○○線の路床を確実に施工することができた。

[10行]

経験記述編

学科記述編

5章

37

管理項目	工　種	技術的な課題
工程管理	道路工事	工期短縮

No.
2

【設問 1】

(1)工事名　｜工事名｜○○地区第○号道路改良工事　✓OK!

(2)工事の内容

① 発注者名	千葉県○○建設事務所　✓OK!
② 工事場所	千葉県○○市○○町○−○　✓OK!
③ 工　　期	令和○○年 9 月 2 日〜令和○○年 2 月 4 日　✓OK!
④ 主な工種	路盤工　✓OK!
⑤ 施 工 量	○○線○工区 $L=590$ m　✓OK! 路盤 5,605 m²、表層 5,369 m²　✓OK!

(3)工事現場における施工管理上のあなたの立場

立　　場	現場監督　✓OK!

『評　価』

(改善事項)
・単位施工量と全体施工量からの施工日数算定がわかりにくい。

(一般事項)
・施工日数算定で若干疑問が残るが、設問 1 と 2 の整合性はとれている。
・課題の目標、課題の処置、課題の結果の関連づけはされている。

注意）例文中では具体的な地区名、発注者、工事場所を伏せてあるが、実際の答案に
　　は詳細に記入すること。

【設問2】

(1) 工程管理に関して、具体的な現場状況と特に留意した**技術的課題**

　　本工事は、県道○○線○工区で実施する舗装工事で、路床、路盤 5,605 m²、表層 5,369 m² を施工するものであった。

　　計画では、県道○○線の日交通量は 5,600 台と非常に多く予想されており、供用開始の遅れは許されない状況であった。よって、所定の工程を確保することを課題とした。 ✓OK!

◀設計交通量が決まっているはずであるから、それを示すこと
[7行]

(2) 技術的課題を解決するために検討した項目と**検討理由および検討内容**

　　路床改良時に天候不順が続いたため、路盤施工時において工程の遅れが 9 日となっており、次のように検討した。

　　上層路盤 160 mm、下層路盤 200 mm の敷均し＋締固め日施工量 1,110 m² より、合計 18 日の施工日数が予想できた。遅れている工程を満足させるためには、路盤工の班数を 2 倍にすることにより遅れている 9 日を満足することができる。よって施工区間の始終点側に 2 班配置とし、1 班当たり 295 m を施工することによって遅れていた工期を確保した。 ✓OK!

◀施工日数の算出根拠が明確でない。稼働率を考慮しているのか？
[11行]

(3) 上記検討の結果、**現場で実施した対応処置とその評価**

　　現場において、次のことを実施した。

　　モータグレーダ 3.1 m 級を 2 台入れ、始終点方向から敷均しを行った。締固めは初転圧を 10 t 級のロードローラで始点側から行い、終点側へ移った段階で、始点側の二次転圧をタイヤローラ 8 t 級で行うように、時間差をつけて 2 班体制とし工期を満足した。 ✓OK!

　　検討期間に余裕があったので班編成の変更が可能であったが、施工機械の確保等を十分検討する必要を感じた。

[10行]

管理項目	工　種	技術的な課題
安全管理	道路工事	歩行者の安全確保

【設問1】

(1) 工事名

工事名	○○地区第○号道路改良工事 ✓*OK!*

(2) 工事の内容

① 発注者名	千葉県○○建設事務所 ✓*OK!*
② 工事場所	千葉県○○市○○町○－○ ✓*OK!*
③ 工　期	令和○○年9月2日～令和○○年2月4日 ✓*OK!*
④ 主な工種	暗渠工 ✓　施工量との整合性がない
⑤ 施 工 量	○○線○工区 $L=590\,\mathrm{m}$ ✓　←道路改良工事の延長と明記する 道路横断工 $L=12.5\,\mathrm{m}$ ✓ ←横断工の断面、構造形式を記入する

(3) 工事現場における施工管理上のあなたの立場

立　場	現場監督 ✓*OK!*

『評　価』

(改善事項)
・「道路改良工事」と「道路横断工」の関連がつかみにくい。
・横断工の断面、構造が不明なため工事概要がつかみにくい。
・誘導員の記述が抜けている。安全管理で誘導員の配置計画は重要である。
(一般事項)
・設問1と2で工種の整合性がとれていない。施工数量に記入不足があり、設問2で工事規模が明確にイメージできない。
・課題の目標、課題の処置、課題の結果の関連づけはされている。
- -
注意）例文中では具体的な地区名、発注者、工事場所を伏せてあるが、実際の答案には詳細に記入すること。

【設問 2】

(1) 安全管理に関して、具体的な現場状況と特に留意した**技術的課題**

　　本工事は、県道○○線○工区で実施する道路舗装改良工事の横断工数設工事である。

　　本工区は非常に交通量の多い道路であり、施工箇所周辺には住宅が立ち並んでいる。また、工事現場の近くに○○小学校があって、通学路となっている。そのため、施工時における歩行者の安全確保を課題とした。✓OK!

◀何が横断するのか？用水か排水か、それともガスか？

[7行]

(2) 技術的課題を解決するために検討した項目と**検討理由および検討内容**

　　工事現場周辺の環境を保全する対策を以下のように検討した。

　　県道○○線を横断する暗渠の施工延長を、県道○○線が片側通行となるように、分割して施工した。

　　歩行者、通学路については、仮設の歩道を片側通行にした県道○○線と分離して設け、通学路を確保した。✓OK!

　　通学路には、単管パイプを組み立て、手すりを設置し、安全面にも配慮することにより歩行者の安全を確保した。✓OK!

◀横断工のことか？断面、構造、埋設深さの記述がない

[11行]

(3) 上記検討の結果、**現場で実施した対応処置とその評価**

　　検討の結果、以下のことを実施した。

　　車両の通行帯の確保にあたり、片側通行とし、交通規制を行った。通学路、歩行者用の仮設歩道には、幅2m、単管手すり75cmを設置し、すべり防止マットを敷いて常時点検を行うことにより、仮設歩道の歩行者の安全を確保した。✓OK!

　　仮設歩道の設置により、歩行者の安全を確保しつつ工事を進め、事故がなく、工期も遅れることなく終えることができた。

◀誘導員の配置計画を加えること

◀工程管理ではないので、安全管理面を充実させること

[10行]

No. 4	管理項目	工　種	技術的な課題
	出来形管理	道路工事	基礎杭の出来形管理

【設問1】

(1) 工事名

工事名	○○○地区第○号道路改良工事 ✓OK!

(2) 工事の内容

① 発注者名	千葉県○○建設事務所 ✓OK!
② 工事場所	千葉県○○市○○町○-○ ✓OK!
③ 工　　期	令和○○年9月2日～令和○○年2月4日 ✓OK!
④ 主な工種	基礎工 ✓OK!
⑤ 施 工 量	○○線○工区 $L=590$ m ✓OK! ✓OK! 土留め擁壁22 m、PHC杭 $\phi600$ mm×24本

土留め擁壁は「延長」を追記、
杭は杭長を明記する

(3) 工事現場における施工管理上のあなたの立場

立　場	現場監督 ✓OK!

『評　価』

(改善事項)
　・擁壁の構造を具体的に（高さ、形式）記述すること。
(一般事項)
　・数量記述に不足はあるが、設問1と2の整合性はとれている。
　・課題の目標、課題の処置、課題の結果の関連づけはされている。
- - -
注意）例文中では具体的な地区名、発注者、工事場所を伏せてあるが、実際の答案に
　　　は詳細に記入すること。

【設問 2】

(1) 出来形管理に関して、具体的な現場状況と特に留意した**技術的課題**

　　本工事は、県道○○線○工区で道路付帯工事と
して実施する土留め擁壁の PHC 杭中掘り杭工法
による基礎工事である。

　　施工にあたり、中掘り杭工法の先端根固めでは
支持力の確認が難しいことから、支持層への根入
れを確実に確保し杭長 16 m を施工することを出
来形管理の課題とした。✓OK!

◀擁壁の構造形式、高
さなどを記入する

[7 行]

(2) 技術的課題を解決するために検討した項目と**検討理由および検討内容**

　　基礎杭の支持層への根入れ深さを確実に確保す
るために、以下のことを行った。

　　既存の標準貫入試験は、施工終点側に 1 か所し
かなく、支持層の変化が不明確であったことから、
擁壁延長 22 m の施工始点側で標準貫入試験を 1
本追加した。✓OK!

　　既存標準貫入試験で確認していた支持層と同様
に、N 値 50 の砂層を深度 14 m で確認した。この
ことから、擁壁延長 22 m 間の支持層に傾斜がなく、
全杭長 16 m で支持層根入れ長 2 m を確保するこ
とが確認できた。✓OK!

[11 行]

(3) 上記検討の結果、**現場で実施した対応処置とその評価**

　　現場では以下のことを実施した。

　　実施した 2 本の標準貫入試験結果を縦断に表示
し、杭ごとに支持層の変化を明確にした。

　　スパイラルオーガが深度 14 m に達した段階か
ら、支持地盤砂層の排出と電流値の変化から支持
層を確認し、打込み終了後、杭頭標高を測定し杭
長 16 m を施工した。✓OK!

　　現場での対応処置の評価としては、土留め擁壁
の基礎について、支持層を確認することにより中
掘り杭工法で確実に施工できたことである。

◀電流値がどう変化し
たのか具体的に記入
する

[10 行]

経験記述編

学科記述編

5章

43

	管理項目	工　種	技術的な課題
No.5	施工計画	道路工事	既成杭の施工計画

【設問1】

(1)工事名

工事名	○○地区第○号道路改良工事 ✓OK!

(2)工事の内容

① 発注者名	千葉県○○建設事務所 ✓OK!
② 工事場所	千葉県○○市○○町○－○ ✓OK!
③ 工　期	令和○○年9月2日〜令和○○年2月4日 ✓OK!
④ 主な工種	基礎工 ✓OK!
⑤ 施 工 量	○○線○工区 $L=590$ m ✓OK! 土留め擁壁36 m、PHC杭 $\phi700$ mm×48本 ✓OK!

土留め擁壁は「延長」を追記、
杭は杭長を明記する

(3)工事現場における施工管理上のあなたの立場

立　場	現場監督 ✓OK!

『評　価』

（改善事項）
- ・擁壁の構造を具体的に（高さ、形式）記述すること。
- ・その現場でしかわからない情報、ここでは排土された土の色や様子の変化を具体に書く必要がある。

（一般事項）
- ・設問1と2の整合性はとれている。
- ・課題の目標、課題の処置、課題の結果の関連づけはされている。

注意）例文中では具体的な地区名、発注者、工事場所を伏せてあるが、実際の答案には詳細に記入すること。

【設問2】

(1) 施工計画に関して、具体的な現場状況と特に留意した**技術的課題**

　　本工事は、県道○○線○工区で道路付帯工事と
して実施する土留め擁壁のPHC杭中掘り杭工法
による基礎工事である。

　　地質調査結果から、深度4.6mから5.8mまで
礫径84mmの礫層があることが判明しており、
16mの杭を沈設する際に、礫が杭体を傷つけない
施工計画を課題とした。✓OK!

[7行]

(2) 技術的課題を解決するために検討した項目と**検討理由および検討内容**

　　安全に礫層を沈設させるために、以下の検討を
行った。

　　中掘り杭工法で支障となる礫径は、杭内径の
1/5以上で、使用するPHC φ700mmの杭では
500/5＝100mmである。既存調査結果では礫径
84mm、別途支持層の確認で追加した標準貫入試
験では礫径125mmであり、杭沈設時に杭体を
傷つける可能性が高かった。また、礫層がある
深度が4.6mから5.8mと比較的浅いことから、
杭沈設に先行して礫層を排除する工法を採用し
た。✓OK!

◀内径500mmと明記
して算式を記入する
こと

[11行]

(3) 上記検討の結果、**現場で実施した対応処置とその評価**

　　現場では以下のことを実施した。

　　先行して礫層を排除するため、プレボーリング
工法で杭内径500mmに相当するオーガを用い深
度6.0mまでを掘削した。排土される色、土の様
子の変化で礫層の排除を確認し、中掘り杭工法で
礫層で支障をきたすことなく16mの杭を沈設し
た。✓OK!

　　場所により礫径にばらつきがあったので、地質
調査を追加してオーガで掘削する範囲の低減等を
検討したほうがよいと感じた。

◀様子の変化を具体的
に書くこと

[10行]

No. 6	管理項目	工　種	技術的な課題
	環境対策	道路工事	固化材使用時の環境保全対策

【設問1】

(1) 工事名

工事名	第○設○号道路改良工事　✓OK!

(2) 工事の内容

① 発注者名	奈良県○○市建設事務所　✓OK!
② 工事場所	奈良県○○市○○町　✓OK!
③ 工　　期	令和○○年7月24日〜令和○○年3月26日　✓OK!
④ 主な工種	路床工　✓OK!
⑤ 施　工　量	施工延長94.4m　✓OK! 技術的課題との整合性がない。路床工に対する環境保全対策であるから、路床工の数量とする

(3) 工事現場における施工管理上のあなたの立場

立　　場	現場監督　✓OK!

『評　価』

(改善事項)
- ・「検討内容」、「採用理由」、「対応処置」の区分けがあいまいである。
- ・技術的課題に見合う数量でなければならない。数量は路床改良を記入する。

(一般事項)
- ・課題の目標、課題の処置、課題の結果の関連づけはされている。

注意）例文中では具体的な地区名、発注者、工事場所を伏せてあるが、実際の答案には詳細に記入すること。

【設問2】

(1) 環境対策に関して、具体的な現場状況と特に留意した**技術的課題**

　　本工事は、○○地区で施工される市道○号道路
工事で、終点において県道○○・○○線に接続さ
せるものである。

　　市道○号の路床土は、CBR試験結果より0.7%
程度で路床改良が必要となった。改良材料として
はセメント系固化材を用いることとなり、現場内
外への環境保全対策に留意した。✓OK!

◀設問1の数量と整合性がない

[7行]

(2) 技術的課題を解決するために検討した項目と**検討理由および検討内容**

　　路床改良時の現場内外への環境保全対策につい
て、以下のように検討を行った。

　　路床厚45cmをセメント系固化材を用いて改良
することとし、道路の両側に仮囲いを設置して、
セメントの現場外への飛散を防止することにより
現場外部への環境保全対策とした。✓OK!

　　現場内における改良材の飛散対策として、施工
を行うバックホウ運転者、および誘導員に防塵メ
ガネ、防塵マスクを着用させて作業を行うことに
より現場内および外部に対する環境保全対策とし
た。✓OK!

[11行]

(3) 上記検討の結果、**現場で実施した対応処置とその評価**

　　現場における環境保全として、以下のとおり実
施した。

　　工事範囲に仮囲いを設置して、現場外への改良
時のセメントの飛散を防止した。現場内ではセメ
ントが飛散するので、防塵メガネ、防塵マスクを
着用させることによって、現場内外への環境保全
を行った。✓OK!

　　現場で対応処置を実施した結果の評価としては、
現場での事故がなく、周辺からの苦情もなかった
ので十分効果があったと評価する。

◀（2）とほとんど同様の記述である。現場で実施した内容を詳しく記述すること

[10行]

経験記述例文集
（54 例文）

■ 代表的な工事の経験記述例文（品質管理、安全管理、工程管理）

No	管理項目	工事種別	技術的な課題
7	品質管理	橋梁工事	基礎杭の品質管理
8	品質管理	橋梁工事	鉄筋かぶり厚さの確保
9	工程管理	橋梁工事	工程の遅れの回復方法
10	安全管理	橋梁工事	コンクリート打設時の安全確保
11	品質管理	橋梁工事	コンクリートのひび割れ防止
12	工程管理	道路工事	工程の短縮（クリティカルパス）
13	品質管理	下水道工事	寒中コンクリートの品質管理（養生）
14	品質管理	橋梁工事	基礎杭の支持層根入れ確保
15	工程管理	下水道工事	工事の遅れと工程の見直し
16	安全管理	下水道工事	埋設管の破損事故防止対策（沈下量）
17	安全管理	下水道工事	道路幅員が狭い場所で行う管布設工の安全確保
18	品質管理	河川工事	盛土材料の品質管理（最適含水比）
19	品質管理	河川工事	寒中コンクリートの品質管理（材料管理）
20	品質管理	河川工事	地盤改良深度の管理
21	工程管理	河川工事	コンクリート打設の工程管理
22	安全管理	河川工事	仮締切り時の安全確保
23	工程管理	河川工事	トラフィカビリティー改善対策
24	品質管理	農業土木工事	暑中コンクリートの品質管理（セメントの種類、温度、打設時間）
25	品質管理	造成工事	暑中コンクリートの品質管理（混和剤、締固め、散水養生）
26	工程管理	造成工事	盛土の品質管理
27	工程管理	造成工事	先行工事の遅れを取り戻す工程管理
28	安全管理	造成工事	土留工の安全管理
29	工程管理	造成工事	コンクリート打設の工程計画（スパン割り）
30	工程管理	河川工事	ブロック積みの工期を短縮
31	品質管理	農業土木工事	暑中コンクリートの品質管理（出荷温度、打設時間）

No	管理項目	工事種別	技術的な課題
32	品質管理	農業土木工事	コールドジョイントの発生防止
33	工程管理	農業土木工事	湧水のある条件での工程確保
34	安全管理	農業土木工事	杭基礎工施工時の安全確保
35	品質管理	農業土木工事	杭基礎工の品質管理
36	品質管理	上水道工事	ダクタイル鋳鉄管接続作業の品質管理
37	工程管理	上水道工事	湧水処理対策で計画工程を確保
38	工程管理	下水道工事	鋼矢板の打込みの工程管理
39	工程管理	農業土木工事	土留め支保工の工程管理
40	安全管理	農業土木工事	資材搬入時の安全確保
41	安全管理	農業土木工事	土留工施工時の安全管理
42	安全管理	河川工事	吊り荷の落下やクレーン転倒事故防止対策
43	工程管理	道路工事	擁壁工事の工期を短縮する対策
44	工程管理	下水道工事	ボイリングによる工程遅れ防止対策
45	安全管理	下水道工事	ボイリングによる事故防止対策（ウォータージェット）
46	安全管理	農業土木工事	ボイリングの防止（ウェルポイント工法）
47	工程管理	河川工事	仮締切り工事の工期短縮
48	安全管理	河川工事	大型土のうによる仮締切り工の安全確保
49	品質管理	農業土木工事	改良強度の品質管理（室内配合試験）
50	品質管理	農業土木工事	地盤改良強度の確保（トレンチャー式攪拌工法）
51	工程管理	下水道工事	地盤改良工の工程短縮
52	安全管理	農業土木工事	掘削時の安全管理
53	品質管理	河川工事	盛土材の品質管理（強熱減量）
54	品質管理	河川工事	盛土締固めの品質管理（工法規定）
55	品質管理	河川工事	シルト質盛土の品質管理（シルト質）
56	品質管理	工事	盛土材料の品質管理計画（コーン支持力）
57	品質管理	河川工事	コンクリートの品質管理（ひび割れ）
58	工程管理	鉄道工事	ロングレールの交換の工程管理
59	安全管理	道路工事	クレーンの転倒防止対策
60	工程管理	道路工事	工期短縮（連続作業）

経験記述編

学科記述編

6章

注意）ここに示す記述例は、合格を保証するものではなく、自身の経験を効率よく「経験記述形式」
　　　にするための参考に示すものである。また、例文中では具体的な地名、発注者、工事場所
　　　を伏せてあるが、実際の答案には詳細に記入すること。

No. 7	管理項目	工　種	技術的な課題
	品質管理	橋梁工事	基礎杭の品質管理

【設問 1】　あなたが経験した土木工事の内容

(1) 工事名

工事名	県道○○号線○○橋梁工事

(2) 工事の内容

① 発注者名	青森県○○部○○課
② 工事場所	青森県○○市○○地内
③ 工　　期	平成○○年○○月○○日～平成○○年○○月○○日
④ 主な工種	橋梁下部工
⑤ 施 工 量	鋼管杭 ϕ600、$L=18$ m、10 本

(3) 工事現場における施工管理上のあなたの立場

立　場	現場監督

[圧縮試験の品質管理（**JIS A 5308**）]

・1 回の試験結果は、購入者が指定した呼び強度の強度値の 85％以上
・3 回の試験結果の平均値は、購入者が指定した呼び強度の強度値以上

【設問2】

(1) 品質管理に関して、具体的な現場状況と特に留意した**技術的課題**

　　本工事は、○○県○○市○○町に建設する県道
○○線の○○橋梁で、橋梁下部工の基礎を施工す
るものであった。主な施工数量としては、鋼管杭
600 mm、$L=18$ m、10本を施工するものである。
　　杭の先端処理を根固め球根（セメントミルク）と
して支持力を得ることから、根固めに使用するセメン
トミルクの品質管理を課題とした。 [7行]

(2) 技術的課題を解決するために検討した項目と**検討理由および検討内容**

　　杭の先端は、セメントミルクで根固め球根を作る
工事であり、材料の品質を確保するため以下の検討
を行った。
　　計量方法は、専用の計量器でバラセメントの重量
を計量し、水管計を用いて水を計量し、使用量を確
認することとした。
　　計量した水にバラセメントを投入し練り混ぜ、セメ
ントミルクの比重を測定することにより水セメント比
を確認することを計画した。
　　セメントミルクの品質管理は、圧縮強度20
N/mm² 以上を管理値として行う方法とした。 [11行]

(3) 上記検討の結果、**現場で実施した対応処置とその評価**

　　上記の検討の結果、現場での管理は以下のとおり
とした。
　　練り混ぜたセメントミルクをミキサの吐出し口から
採取し、1バッチ毎に比重を管理した。
　　同様に採取したセメントミルクで、$\phi 5 \times 10$ cm の円
柱供試体を橋台毎に6本作成し、圧縮強度を測定し
た。圧縮強度を20 N/mm² 以上とし、セメントミル
クの品質を確保した。
　　上記により、先端根固め球根の品質を確保できた
ことは評価できる点である。 [10行]

6章

No. 8

管理項目	工　種	技術的な課題
品質管理	橋梁工事	鉄筋かぶり厚さの確保

【設問1】 あなたが経験した土木工事の内容

(1)工事名

工事名	○○橋梁工事（県道○○号線）

(2)工事の内容

① 発注者名	茨城県○○部○○課
② 工事場所	茨城県○○市○○地内
③ 工　期	平成○○年○○月○○日〜平成○○年○○月○○日
④ 主な工種	橋梁下部工　コンクリート工、鉄筋工
⑤ 施 工 量	コンクリート 1,152 m³ 鉄筋 SD295 A、D16 〜 D29、980 kg

(3)工事現場における施工管理上のあなたの立場

立　場	現場責任者

［鉄筋のかぶり厚さ］

　鉄筋コンクリートの表面と、コンクリート内部に配置した鉄筋の表面との最小距離寸法をかぶり厚さという。

　かぶり厚さが少ないと、コンクリートの表面から侵入した有害物質が鉄筋に到達しやすくなり、耐久性の面で弱点となる。

【設問 2】

(1) 品質管理に関して、具体的な現場状況と特に留意した**技術的課題**

　　この工事は、茨城県○○市○○の県道○○号線改良工事で、海岸線において実施する橋梁工である。

　　橋梁の形式は、逆T式直接基礎橋台を施工するものである。逆T式直接基礎橋台を施工するにあたり、コンクリートの耐久性を向上させるために、鉄筋のかぶり厚さを設計書どおりに確実に確保し、鋼材の腐食を防止することを品質管理の課題とした。

[7行]

(2) 技術的課題を解決するために検討した項目と**検討理由および検討内容**

　　鉄筋のかぶり厚さを確保して鋼材の腐食を防止するため、以下のことを検討した。

　　橋台の配筋は主鉄筋 D29 mm、配力筋 D16 mmと太く、現場が海岸に近いことから、錆を防止するために底部スペーサの検討を行い、錆に強い材質のモルタル製を採用した。また、鉄筋の組立て時も錆を防止するため、結束線の使用法を検討し、かぶり厚さを確保し、内側に折り曲げるようにした。

　　壁部に使用するセパレータ先端の鋼材部分がかぶりにかからないように、大きめのプラスチックコーンを使用し、鉄筋組立て時の品質管理を行った。

[11行]

(3) 上記検討の結果、**現場で実施した対応処置とその評価**

　　現場では、鉄筋のかぶり厚さを確保して鋼材の腐食を防止するため、以下のことを行った。

　　鉄筋太径用のモルタルスペーサを 412 個（4個/m^2 相当）配置し、底部の鉄筋かぶり厚さを確保した。鉄筋の結束は、かぶり厚さを確保し、コンクリートの内側へ折り曲げるよう現場で徹底指導し、型枠には塩害対策用の設計寸法と同じ大きさのプラスチックコーンスペーサを使用した。

　　所定の鉄筋かぶり厚さを確保できたことは評価できる点である。

[10行]

No. 9	管理項目	工　種	技術的な課題
	工程管理	橋梁工事	工程の遅れの回復方法

【設問 1】　あなたが経験した土木工事の内容

(1)工事名

工事名	県道○○線の○○橋梁下部工事

(2)工事の内容

① 発注者名	愛知県○○部○○課
② 工事場所	愛知県○○市○○地内
③ 工　　期	令和○○年○○月○○日〜令和○○年○○月○○日
④ 主な工種	橋梁下部工　杭基礎工
⑤ 施 工 量	基礎杭　鋼管杭ϕ600×18 m、5 本×2＝10 本

(3)工事現場における施工管理上のあなたの立場

立　場	現場責任者

［釜場排水工法］

　釜場とは、地下水などの水を集めるためにつくる穴のこと。下水工事の床付け時に、湧き出る地下水を水中ポンプで排水するため、ピット内に釜場を設ける工法である。

【設問2】

(1) 工程管理に関して、具体的な現場状況と特に留意した**技術的課題**

　　本工事は、愛知県○○市○○町に建設する県
道○○線の○○橋梁下部工の基礎として、鋼管杭
φ600 mm を 10 本施工するものである。
　　○○川を鋼矢板で締切り本工事を行うことから、
降雨時には河川が増水し、施工地盤面はドライワー
クが難しくなって工程に遅れが生じた。よって、増水
を考慮した工程の管理が課題となった。　　　　　[7行]

(2) 技術的課題を解決するために検討した項目と**検討理由および検討内容**

　　杭基礎打設の工程において、水位上昇による施工
地盤の不良による工程の遅れを回避するため、以下
のような検討を行った。
　　降雨時の河川増水、地下水の上昇による影響を最小
限にするため、ボーリング調査結果を精査して周辺地
盤の地質と地下水位を把握し、杭打設作業面の地盤
高が地下水位以下にならないよう計画し、盛土をした。
　　このことにより、河川増水時、地下水位上昇時に
おいても、地下水位が施工地盤以下の水位となるこ
とから、増水による影響が少なくなり、作業効率を上
げ、計画の工程を確保した。　　　　　　　　　[11行]

(3) 上記検討の結果、**現場で実施した対応処置とその評価**

　　河川増水による工程の遅れを回復するため、以下
の対応処置を行った。
　　締切り内の施工地盤高 GL−2.9 m で計画されてい
たが、ボーリング調査結果の地下水位 GL−1.8 m ま
で盛土をした。
　　河川水位は GL 換算で−1.7 m の掘込み河道であっ
たこともあり、増水時には釜場排水で対応できる程
度となり、施工を継続できた。
　　資料調査と盛土対策で、杭打ち工程を工程管理値
内に収められたことは評価できる点と考える。　[10行]

	管理項目	工　種	技術的な課題
No. 10	安全管理	橋梁工事	コンクリート打設時の安全確保

【設問1】　あなたが経験した土木工事の内容

(1)工事名

工事名	山形県○○号線○○橋梁工事

(2)工事の内容

① 発注者名	山形県○○部○○課
② 工事場所	山形県○○市○○地内
③ 工　　期	平成○○年○○月○○日～令和○○年○○月○○日
④ 主な工種	橋台工（コンクリート工）
⑤ 施 工 量	鉄筋コンクリート 198 m^3 型枠工 225 m^2

(3)工事現場における施工管理上のあなたの立場

立　　場	現場監督

【設問2】

(1) 安全管理に関して、具体的な現場状況と特に留意した**技術的課題**

　　本工事は、県道○○号線工事で、○○川に計画され
た橋梁工事であり、上部工はプレテンション単純Ｔ桁、
下部工の橋台は逆Ｔ式杭基礎で施工するものである。
　　下部工の施工にあたり、橋台の壁高さが3.35 mで
あるため、コンクリート打設時に型枠に大きな側圧が
作用する。よって、型枠の変形による事故防止を安
全管理の課題とした。　　　　　　　　　　　　[7行]

(2) 技術的課題を解決するために検討した項目と**検討理由および検討内容**

　　コンクリート打設時における、型枠の変形による事
故を防止するため、以下のことを行うこととした。
　　コンクリート打設前に、型枠の折れ曲がりや通り、
高さ等、設置精度の点検を行う計画を検討し、チェッ
クリストを作成した。また、型枠支保工の取付け金具
の緩みをチェックし、ハンチ部の浮上がり防止が確
実であること等、施工時の確認を行った。
　　さらに、型枠支保工の状況を確認し、コンクリート
打設中は型枠の見張り役を決めて配置し、コンクリー
ト打設時の型枠変形を早期に発見する対策を決め、
安全管理を行った。　　　　　　　　　　　　[11行]

(3) 上記検討の結果、**現場で実施した対応処置とその評価**

　　上記の検討の結果、以下の対策を現場で実施した。
　　型枠組立て精度の確認は、設置した型枠に下げ振
りで垂直方向の変形を1面3か所チェックし、トラ
ンシットで通りの変形がないことを確認した。
　　支保工の固定状況は、チェックリストを使用し確
認した。コンクリートの打設時には、型枠を組み立て
た大工を配置して、変形しそうになった場合に応急処
置に備えることで、安全にコンクリート工事を終了さ
せることができた。チェックリストによる確認は、評
価できる点である。　　　　　　　　　　　　[10行]

No. 11	管理項目	工　種	技術的な課題
	品質管理	橋梁工事	コンクリートのひび割れ防止

【設問 1】 あなたが経験した土木工事の内容

(1)工事名

工事名	山形県○○号線○○橋梁工事

(2)工事の内容

① 発注者名	山形県○○部○○課
② 工事場所	山形県○○市○○地内
③ 工　　期	令和○○年○○月○○日～令和○○年○○月○○日
④ 主な工種	橋梁下部工　橋台工（コンクリート工）
⑤ 施 工 量	コンクリート工　224 m³

(3)工事現場における施工管理上のあなたの立場

立　　場	現場監督

［セメントの水和熱（材齢 7 日）］

・早強ポルトランドセメント……約 75 cal/g
・普通ポルトランドセメント……約 70 cal/g
・中庸熱ポルトランドセメント…約 55 cal/g
・低熱ポルトランドセメント……約 50 cal/g

　夏の暑い日の施工は、温度上昇によるひび割れ等の品質低下を防止するため、発熱量が少ないセメントを選択することが有効である。

【設問2】

(1) 品質管理に関して、具体的な現場状況と特に留意した技術的課題

　　本工事は、県道○○号線整備工事で、○○川に計
画された橋梁下部工コンクリート工事である。

　　橋梁下部工の部材厚が150 cm で、マスコンクリー
トの影響を受けて温度応力によるひび割れの発生が
懸念された。同地区別途工事で実施済みの現場打ち
擁壁の表面にひびが目立つことから、ひび割れを防
止する対策の品質管理計画を課題とした。　　　　　[7行]

(2) 技術的課題を解決するために検討した項目と検討理由および検討内容

　　ひび割れ発生防止の品質管理計画を実施するにあ
たり、以下の検討を行った。

　　別途工事擁壁にひび割れが発生した。コンクリー
トの部材厚は80 cm であり、マスコンクリートの影
響がでたものと考えた。本工事はそれより厚い部材厚
で打設することから、生コン工場と協議し、セメント
の種類を発熱量が少ない中庸熱ポルトランドセメント
とした。出荷時のコンクリート温度を指定し、高温化
対策とした。1回の打設時間をなるべく長くして打ち
込み、養生はコンクリート表面の温度の急な低下を
防止し、ひび割れを防止する計画を立案した。　　[11行]

(3) 上記検討の結果、現場で実施した対応処置とその評価

　　上記検討の結果、以下の処置を現場で実施した。

　　セメントの種類は、発熱量が少ないタイプの中庸
熱ポルトランドセメントを使用した。打込み温度を
25℃以下とするため生コン工場でプレクーリングを
行い、骨材を冷風冷却して打込み温度を抑えた。

　　現場では、10.8 m³ を 30 分の速度で打ち込み、急
速な打設とならないよう管理した。コンクリート内部
と表面の温度差を抑えるためにシート養生を実施した。

　　材料と打設方法および養生方法の検討により、ひ
び割れを防止できた。　　　　　　　　　　　　　[10行]

No. 12	管理項目	工 種	技術的な課題
	工程管理	道路工事	工程の短縮

【設問 1】 あなたが経験した土木工事の内容

(1)工事名

工事名	舗装修繕工事

(2)工事の内容

① 発注者名	山梨県○○部○○課
② 工事場所	山梨県○○市○○地内
③ 工　　期	令和○○年○○月○○日～令和○○年○○月○○日
④ 主な工種	切削オーバーレイ
⑤ 施 工 量	切削オーバーレイ $L＝1,320$ m

(3)工事現場における施工管理上のあなたの立場

立　　場	現場責任者

[クリティカルパス]

　クリティカルパスは「重大な経路」という意味で、ネットワーク工程表で最長時間となる経路のこと。クリティカルパスの経路にある工程を短縮することで、全体の工程が短くなる。

【設問2】

(1) 工程管理に関して、具体的な現場状況と特に留意した**技術的課題**

　　本工事は、山梨県○○市の山間部の県道を舗装修
繕する工事であった。前回の舗装修繕を実施してか
ら4年が経過しており、舗装表面は幅の広いひび割
れが多く発生したため、切削オーバーレイするもので
あった。町内会の行事が予定されていたため、工期よ
りも1か月間短縮して舗装を完了するよう要望があっ
た。このため工程管理の再計画が課題となった。　　　[7行]

(2) 技術的課題を解決するために検討した項目と**検討理由および検討内容**

　　社内の工事部と下請業者で工程会議を実施し、工
程管理の方法と過去の施工実績を調査のうえ、経済
的で現場にあった施工方法について下記のような検
討を行った。

　①横線式工程表からネットワーク工程表に変え、舗
　　装修繕工事の各工種間の関係とクリティカルパス
　　を管理する手法の検討を行った。

　②合材工場から現場までのダンプトラック運搬時間
　　を最短とするルートを決定した。

　③工程会議の実施方法の計画立案を行った。

　　以上から、舗装工事の工程管理手順書を作成した。　[11行]

(3) 上記検討の結果、**現場で実施した対応処置とその評価**

　　現場では下記のことを実施した。

　①工程の管理を行う工程表は、ネットワーク工程表
　　を使用し、日々の進捗と後工程のクリティカルパス
　　を把握し、目標の完了日を遵守した。

　②運搬ルートは、実走行試験を行って最短時間ルー
　　トを決定した。

　③工程会議の方法は、毎日午後1時から職員と職長
　　が現場事務所で実施し、施工方法を決定した。

　　上記を実施したことで舗装修繕工事完了目標を達
成できたことは、評価点であると考える。　　　　　　[10行]

No. 13	管理項目	工　種	技術的な課題
	品質管理	下水道工事	寒中コンクリートの品質管理

【設問 1】 あなたが経験した土木工事の内容

(1)工事名

工事名	○○幹線下水路工事（○○処理区）

(2)工事の内容

① 発注者名	長野県○○部○○課
② 工事場所	長野県○○市○○地内
③ 工　　期	平成○○年○○月○○日～平成○○年○○月○○日
④ 主な工種	水路工　L 型擁壁工
⑤ 施 工 量	鉄筋コンクリート 252 m^3

(3)工事現場における施工管理上のあなたの立場

立　場	現場責任者

【設問2】

(1) 工程管理に関して、具体的な現場状況と特に留意した**技術的課題**

　　この工事は、○○下水道事業（○○処理区）にお
いて建設される下水道工事である。工事の内容は、
幹線水路φ1,200 mmに伴う現場打ちL型擁壁工事
である。
　　コンクリート工事は冬季において行われることか
ら、寒中コンクリートとしての施工に注意する必要が
あり、コンクリートの品質管理を課題とした。　　　　　［7行］

(2) 技術的課題を解決するために検討した項目と**検討理由および検討内容**

　　寒冷地で実施する寒中コンクリートの養生を行う
ために、以下の検討を行った。
①養生方法について技術部と協議し、上屋を設置し
　て、ヒータで加熱する加熱養生を計画した。
②初期凍結を防止するため、5 N/mm^{2}の圧縮強度に
　達するまではコンクリート温度を5℃以上とし、以
　後2日間は0℃以上を保つよう温度管理を行った。
③型枠に熱伝導率の小さい木製型枠を使用すること
　で、保温性を高めた。
　　以上により、所定のコンクリート品質を確保する計
画を立案した。　　　　　　　　　　　　　　　　　　　　［11行］

(3) 上記検討の結果、**現場で実施した対応処置とその評価**

　　上記検討の結果、現場では以下のような対応処置
を行った。
　　コンクリート打設工事箇所を足場材とシートで囲
い、ヒータで加熱養生を行った。
　　また、随時温度測定を行い、初期凍結を防止する
ための初期養生温度を5℃、それ以後の養生温度を
1℃以上に保つよう温度管理を実施し、コンクリート
品質を保つ養生を実施した。
　　上記により、寒冷地で施工したコンクリートの品質
を確保できた。　　　　　　　　　　　　　　　　　　　　［10行］

No.14	管理項目	工　種	技術的な課題
	品質管理	橋梁工事	基礎杭の支持層根入れ確保

【設問1】 あなたが経験した土木工事の内容

(1)工事名

工事名	○○幹線水路工事（○○処理区）

(2)工事の内容

① 発注者名	岩手県○○部○○課
② 工事場所	岩手県○○市○○地内
③ 工　　期	平成○○年○○月○○日～平成○○年○○月○○日
④ 主な工種	基礎工（中堀杭）
⑤ 施 工 量	基礎杭　PHC杭 ϕ500 mm、10 本

(3)工事現場における施工管理上のあなたの立場

立　場	現場主任

【設問2】

(1) 品質管理に関して、具体的な現場状況と特に留意した**技術的課題**

　　本工事は、○○下水道事業（○○処理区）によって工事される現場打ち L 型擁壁で、基礎工事は PHC 杭（φ500 mm）を中堀杭工法により施工するものであった。

　　中堀杭工法は先端根固めを行うため、支持力の発現がその場で確認できないことから、確実に支持層へ根入れされ、平均杭長 14 m が確保されることを確認するための品質管理を課題とした。 [7行]

(2) 技術的課題を解決するために検討した項目と**検討理由および検討内容**

　　中堀杭工法による杭の打込み長さの確保と先端支持層の確認を行うため、以下の検討を行った。

　　既存ボーリングデータが 1 か所分しかなく、周辺の地形形状から河川の氾濫原付近で地層の変化が予想され、L 型擁壁（L26.3 m）全ての基礎杭で同一の支持層深さとなっているかが確定できなかった。また、先端根固めを行うことから、支持層深さを明確にし、全ての基礎杭において杭沈設長を確保する必要があった。

　　よって、ボーリング調査を 1 本追加し、支持層深さを確定し、平均杭長 14 m を確保した。 [11行]

(3) 上記検討の結果、**現場で実施した対応処置とその評価**

　　上記検討の結果、下記の処置を現場で実施した。

　　新規のボーリング調査を、既存調査位置から構造物の最遠ポイントで追加実施し、杭配置縦断図に地層変化、支持層深さを追記した。また、スパイラルオーガが所定の深さに達した段階で、掘削土砂の確認とオーガにかかる負荷電流値の変化から、支持層深さと杭長 14 m を確保した。

　　追加ボーリング調査を実施し、地質を正確に把握することで基礎杭の品質を確保したことは、評価できる点である。 [10行]

No. 15	管理項目	工 種	技術的な課題
	工程管理	下水道工事	工事の遅れと工程の見直し

【設問1】 あなたが経験した土木工事の内容

(1) 工事名

工事名	○○汚水○号幹線管渠工事

(2) 工事の内容

① 発注者名	千葉県○○部○○課
② 工事場所	千葉県○○市○○地内
③ 工 期	平成○○年○○月○○日～平成○○年○○月○○日
④ 主な工種	管路推進工
⑤ 施 工 量	管路推進工 $\phi 1,000$ mm、$L=426$ m 立坑 $H=7.5$ m、2箇所

(3) 工事現場における施工管理上のあなたの立場

立 場	主任技術者

【設問2】

(1) 工程管理に関して、具体的な現場状況と特に留意した技術的課題

　　本工事は、○○汚水○○号幹線において
ϕ1,000 mm の下水道管渠を据え付けるために、主に
推進工法で延長 426 m を、一部分をオープン掘削工
法で施工を実施するものであった。

　　地元のイベント開催の都合で、工事の開始が当初
の工程よりも 16 日遅れていることから、工期を短縮
するために、主に推進工事の工程管理を課題とした。　　　　[7行]

(2) 技術的課題を解決するために検討した項目と検討理由および検討内容

　　推進工事の開始時期の遅れを取り戻すために、工
程を短縮する対策として、以下のような検討を行っ
た。

　　工事開始時期の遅れである 16 日間の日数を考慮し
た、実際の工数をネットワーク工程表で検討した。そ
の結果、全体工事の大部分が推進工であることが明
確になり、クリティカルパスをできる限り推進工のみ
とする工程計画を行った。

　　クリティカルパスを明確にすることによって、余裕
日数がない推進工に人員を適切に投入し、優先的に
工事を進める工程管理を行った。　　　　[11行]

(3) 上記検討の結果、現場で実施した対応処置とその評価

　　上記検討の結果、以下の対応処置を実施し、工程
の遅れを回復した。

　　クリティカルパスを推進工とし、工程を見直した。
その結果、立坑工事、薬液注入工事、付帯工事につ
いて管轄の警察所の道路使用許可の交付を受けて夜
間工事併用とし、道路復旧等は管布設後に行うこと
で工期の短縮が可能となり、工期内の完成を可能に
した。

　　クリティカルパスを管理したことは、工程短縮に有
効であった。　　　　[10行]

6章

No. 16	管理項目	工　種	技術的な課題
	安全管理	下水道工事	埋設管の破損事故防止対策

【設問1】　あなたが経験した土木工事の内容

(1)工事名

工事名	○○幹線水路工事（○○処理区）

(2)工事の内容

① 発注者名	岩手県○○部○○課
② 工事場所	岩手県○○市○○地内
③ 工　　期	平成○○年○○月○○日～平成○○年○○月○○日
④ 主な工種	管路工
⑤ 施 工 量	管路推進工 $\phi 1,200$ mm、$L = 528$ m

(3)工事現場における施工管理上のあなたの立場

立　場	現場主任

【設問2】

(1) 安全管理に関して、具体的な現場状況と特に留意した**技術的課題**

　　本工事は、○○下水道事業（○○処理区）によっ
て工事される既設 φ1,200 mm の移設工事である。管
路延長は 528 m で、2 箇所の立坑から推進工事で実
施した。

　　施工位置にはガス管の埋設があり、立坑施工時に
破損させる可能性があった。よって、ガス管を保護し、
工事の安全を管理することを課題とした。 [7行]

(2) 技術的課題を解決するために検討した項目と**検討理由および検討内容**

　　埋設管の破損事故の防止対策を講じ、安全を確保
するために下記のような検討を行った。

　　立坑位置にあるガス管を切り廻して、所定の工期
内で工事を終わらせるのは非常に困難であった。立
坑の位置を変えることも同様であったため、埋設管を
保護し、以下のように沈下量の管理値を設定して工
事を行った。

①自主管理値を −10 mm で継続、実施、測定とした。

②一次管理値を −15 mm で指示、協議、対策とした。

③限界管理値を −20 mm で中止、協議、対策とした。

　　上記により、埋設管の安全を確保する対策とした。 [11行]

(3) 上記検討の結果、**現場で実施した対応処置とその評価**

　　上記の検討の結果、下記の対応処置を現場で実施
し、地下埋設管の損傷事故を防止した。

　　施工時のガス管の保護は、吊り保護によって行う
こととした。

　　沈下量の計測は、掘削中は 1 日に 1 回、それ以外
は 1 週間に 1 回程度の頻度で管理を行うこととした。

　　埋戻し工は流動化処理工を行い、沈下の減少を図っ
た。

　　上記の結果、沈下量を −5 mm 以内に抑え、安全
を確保した。 [10行]

No. 17	管理項目	工　種	技術的な課題
	安全管理	下水道工事	道路幅員が狭い場所で行う管布設工の安全確保

【設問1】　あなたが経験した土木工事の内容

(1)工事名

工事名	○○汚水幹線管敷設工事

(2)工事の内容

① 発注者名	福井県○○部○○課
② 工事場所	福井県○○市○○地内
③ 工　　期	令和○○年○○月○○日～令和○○年○○月○○日
④ 主な工種	管路工、人孔設置工
⑤ 施 工 量	管路工 ϕ250 mm、L＝235 m、特殊人孔7箇所

(3)工事現場における施工管理上のあなたの立場

立　　場	現場監督

　　歩行者通路を設ける場合は、目立つ位置に看板を設置する等、第三者に歩行者通路の場所をわかりやすく知らせることが重要である。

【設問2】

(1) 安全管理に関して、具体的な現場状況と特に留意した**技術的課題**

　　本工事は、30年前に開発された団地内の道路内に
汚水管φ250を布設し、特殊人孔を設置するもので
あった。道路の有効幅員は3.4〜4.0mと狭く、管
路を幅850mmで掘削すると歩行者通路が確保でき
ない状態となる。工事箇所は生活道路で、歩行者通
路の確保が要求された。狭い道路で行う下水管布設
工事での事故防止の安全対策を課題とした。

[7行]

(2) 技術的課題を解決するために検討した項目と**検討理由および検討内容**

　　狭い道路で行う下水管布設工事に際し、歩行者に
対する事故を防止するため、以下の検討を行った。
・事前に工事箇所に隣接する住民に工事内容を知ら
　せる方法を発注者と検討し、地元説明会を開催す
　ることにした。また、工事の数日前に具体的な状況
　とお願い事項を住民に知らせて、理解を得る方法
　の検討を行った。
・民家の前を掘削する場合に使用する仮橋の検討（設
　置の容易さと安全性を考慮した構造）を行った。
・作業スペースが最小となる掘削機械および運搬機
　械の選定を行った。

[11行]

(3) 上記検討の結果、**現場で実施した対応処置とその評価**

　　現場では、以下のような対応処置を実施した。
　　地元説明会の資料は、わかりやすい図と写真を使っ
て作成した。また、動画や3Dのデータを用いてわ
かりやすいものとした。
　　掘削箇所を通行するために幅85cmのアルミ製の
仮橋を製作して、歩行者通路とした。掘削機械は小
旋回のバックホウを使用し、軽ダンプトラックとベル
トコンベアを多用した。
　　以上を実施したことで、苦情もなく安全に工事を完
成させることができ、発注者からも感謝された。

[10行]

No. 18	管理項目	工　種	技術的な課題
	品質管理	河川工事	盛土材料の品質確認（最適含水比）

【設問 1】 あなたが経験した土木工事の内容

(1)工事名

工事名	○○堤防築堤工事

(2)工事の内容

① 発注者名	国土交通省○○地方整備局　○○河川事務所
② 工事場所	熊本県○○市○○地内
③ 工　期	平成○○年○○月○○日～平成○○年○○月○○日
④ 主な工種	河川土工、築堤盛土工、法覆護岸工、付帯道路工
⑤ 施 工 量	盛土 8,800 m³　コンクリートブロック工 325 m² 表層工 2,950 m²

(3)工事現場における施工管理上のあなたの立場

立　場	現場責任者

Note

　突固めによる土の締固め試験では、含水比を変化させて得られる土の乾燥密度を曲線で表し、密度が最大となる含水比を最適含水比、そのときの最大密度を最大乾燥密度として表す。

【設問2】

(1) 安全管理に関して、具体的な現場状況と特に留意した**技術的課題**

　　本工事は、○○川の既存堤防の強化を目的とした
　本堤拡幅および天端嵩上げをする工事であった。
　　盛土材は、他工事から発生した土を流用する計画
　であった。発生土は2箇所に仮置きされており、土質
　や含水比が異なるため、盛土に使用する土が要求さ
　れた盛土の品質を確保することが必要と考え、盛土材
　の品質確認と施工における品質管理が課題となった。　　[7行]

(2) 技術的課題を解決するために検討した項目と**検討理由および検討内容**

　　盛土の施工にあたり、所定の品質が確保できるよ
　う、他工事で発生し2箇所に仮置きされている、盛
　土に使用する材料の土について以下の検討を行った。
　①土の材料特性を室内試験で確認することを検討し
　　た。(コーン指数、最大乾燥密度、最適含水比の確認)
　②施工現場で試験盛土を実施し、最大乾燥密度の
　　92%以上を得る施工法を検討した。(締固め機械の
　　選定、1層の締固め厚さ、締固め回数、施工時の
　　含水比の範囲の確認)
　　以上の検討を行い、盛土の品質を確保するための
　品質管理計画を立案した。　　[11行]

(3) 上記検討の結果、**現場で実施した対応処置とその評価**

　　2箇所に仮置きされた土のコーン指数は410〜
　480 kN/m^2 の範囲であり、盛土材の条件である
　400 kN/m^2 以上であることから使用した。締固め曲
　線より、最大乾燥密度の92%以上となる含水比の範
　囲は6.5〜10.0%と定めて、簡易型含水比試験機器
　を用いて含水比を測定した。締固め機械は21 t級ブ
　ルドーザ、1層の締固め厚さは30 cm、締固め回数
　は片道5回と定めた。
　　以上を行い、現場密度試験の結果は平均93%で、
　品質を確保できたことは評価点と考える。　　[10行]

6章

No.	管理項目	工 種	技術的な課題
19	品質管理	河川工事	寒中コンクリートの品質管理

【設問 1】 あなたが経験した土木工事の内容

(1)工事名

工事名	○○川河川改修工事

(2)工事の内容

① 発注者名	福島県○○部○○課
② 工事場所	福島県○○市○○地内
③ 工　期	令和○○年○○月○○日〜令和○○年○○月○○日
④ 主な工種	コンクリート護岸工
⑤ 施 工 量	もたれ式擁壁 H=3.8 m 鉄筋コンクリート 96 m^3

(3)工事現場における施工管理上のあなたの立場

立 場	現場監督

【設問2】

(1) 品質管理に関して、具体的な現場状況と特に留意した**技術的課題**

　　　私が経験した工事は、河川改修工事により施工さ
　　れるもたれ式コンクリート護岸工事である。
　　　もたれ式擁壁護岸の基礎コンクリート打設工事の
　　予定時期は、1月中旬より始まることとなっていた。
　　この時期は例年の平均気温が4℃以下になることか
　　ら、寒中コンクリートとして、コンクリートの強度を
　　確保することを品質管理の課題とした。　　　　[7行]

(2) 技術的課題を解決するために検討した項目と**検討理由および検討内容**

　　　寒冷地に施工するコンクリート工事における、コン
　　クリート材料の品質を確保するために、以下の対策を
　　検討した。
　　①普通ポルトランドセメントを使用することとし、凍
　　　結した骨材や雪が混入した骨材を使用しない計画
　　　を検討した。
　　②配合は、促進型のAE減水剤を用いたAEコンク
　　　リートとし、水セメント比は、激しく変化しない気
　　　温状況と露出状態から55%とした。
　　③打込み時のコンクリートの温度を5〜20℃とし、
　　　寒中コンクリートの品質を確保することとした。　[11行]

(3) 上記検討の結果、**現場で実施した対応処置とその評価**

　　　寒中コンクリートとして施工するコンクリート材料
　　の品質を確保するために、以下のことを行った。
　　　コンクリートは、上記で検討した所定の材料、配
　　合とした。
　　　また、上屋のある貯蔵施設で骨材を保存し、雪の
　　混入を防止した。
　　　打込み時の温度を15℃程度にして、作業性も確保
　　し、目標の品質を確保した。
　　　配合設計から施工および養生の検討を行い、品質
　　確保できたことは評価点である。　　　　　　　[10行]

No. 20	管理項目	工　種	技術的な課題
	品質管理	河川工事	地盤改良深度の管理

【設問1】 あなたが経験した土木工事の内容

(1)工事名

工事名	○○川総合治水対策工事

(2)工事の内容

① 発注者名	福島県○○部○○課
② 工事場所	福島県○○市○○地内
③ 工　期	平成○○年○○月○○日〜平成○○年○○月○○日
④ 主な工種	現場打ちボックス橋梁工　地盤改良工
⑤ 施 工 量	ボックス橋梁1基、幅1.8m、高さ3.5m 地盤改良工（深さ4m）

(3)工事現場における施工管理上のあなたの立場

立　場	現場責任者

[トレンチャー]

　溝を掘る機械の一種で、比較的幅が狭く深い溝を掘る機械である。農業や建設業で用いられている。コンベヤ型、ロータリー型、ショベル型の3種類に分けられる。

【設問2】

(1) 品質管理に関して、具体的な現場状況と特に留意した**技術的課題**

　　本工事は、○○川河川改修工事に伴うボックス橋梁工事である。幅1.8 m、高さ3.5 mの現場打ちボックス橋梁を築造するものであり、基礎工事として深度4.0 mを地盤改良する計画であった。

　　基礎を4.0 mの深さで改良することにより、圧密沈下量を許容値に抑えることを目標としたため、確実に改良深度4.0 mを確保することを品質管理の課題とした。 [7行]

(2) 技術的課題を解決するために検討した項目と**検討理由および検討内容**

　　上記の課題に対し、改良深度4.0 mは中層にあたることから、トレンチャー式攪拌機による地盤改良において、以下のように検討した。

　　改良深度の管理は、トレンチャーの基準高を設定し、レベルセンサーとレベル測定機器を用いてトレンチャーの高さを一定に保つ計画とした。

　　トレンチャー先端から、改良深度4.0 mにレベル計設置高0.8 mを加えた4.8 m位置にレベルセンサーを取り付けた。トレンチャーが所定の深さに達したとき、レベルセンサーの反応を確認することで改良深度を管理した。 [11行]

(3) 上記検討の結果、**現場で実施した対応処置とその評価**

　　上記の検討の結果、現場では以下のとおりに実施した。

　　レベル計の機械高を測量し、トレンチャーに取り付けるレベルセンサー位置を決めた。

　　トレンチャーが改良深度4.0 mに達したら、レベルセンサーが反応する。これをオペレータが確認し、施工を行うことにより、所定の地盤改良深度を確保した。

　　改良深度の範囲は4.0 m±15 cmで施工ができ、目標を達成できたことは評価できると考える。 [10行]

No. 21	管理項目	工　種	技術的な課題
	工程管理	河川工事	コンクリート打設の工程管理

【設問 1】 あなたが経験した土木工事の内容

(1) 工事名

工事名	排水機場建設工事

(2) 工事の内容

① 発注者名	京都府○○部○○課
② 工事場所	京都府○○市○○地内
③ 工　　期	平成○○年○○月○○日～平成○○年○○月○○日
④ 主な工種	排水機場築造工
⑤ 施 工 量	鉄筋コンクリート 240 m^3

(3) 工事現場における施工管理上のあなたの立場

立　場	現場責任者

【設問2】

(1) 工程管理に関して、具体的な現場状況と特に留意した**技術的課題**

　　私が経験した工事は、京都府の○○排水機場建設
であった。排水機場の下部工のコンクリート打設工
事において、吸水槽底版は1回のコンクリート打設
量が240 m^{3}であり、コンクリートポンプ車の1日あ
たり打設量とほぼ同じである。
　　したがって、コンクリートポンプ車台数と打設計画
を工程管理の課題とした。

[7行]

(2) 技術的課題を解決するために検討した項目と**検討理由および検討内容**

　　コンクリートポンプ車の台数を決定するために、以
下の検討を実施した。
　　コンクリートポンプ車の1台あたり標準吐出し量
は、1時間あたり35 m^{3}である。このことから、1日
あたり作業時間7時間×35 m^3＝245 m^{3}の打設が見
込まれた。
　　ポンプ車1台でも可能な量ではあったが、打設時
のタイムロス等、厳しい工程によるミスの防止などを
考慮し、コンクリートポンプ車を2台配置して、余裕
のあるコンクリート打設工程を計画、実施することを
検討した。

[11行]

(3) 上記検討の結果、**現場で実施した対応処置とその評価**

　　上記の検討の結果、コンクリートポンプ車の打設
について、以下の対応処置を現場で行った。
　　コンクリート打設の効率を考慮して、現場にはコ
ンクリートポンプ車を合計2台配置し、1日で合計
240 m^{3}のコンクリートを打設した。
　　これにより、打設時間は当初（ポンプ車1台によ
る打設）の予定よりも3時間短縮することができた。
このように、余裕をもった工程を確保できたことは、
評価点であると考える。

[10行]

	管理項目	工　種	技術的な課題
No. 22	安全管理	河川工事	仮締切り時の安全確保

【設問1】　あなたが経験した土木工事の内容

(1)工事名

工事名	○○○特定治水整備工事（○○工区）

(2)工事の内容

① 発注者名	神奈川県○○部○○課
② 工事場所	神奈川県○○市○○地内
③ 工　期	平成○○年○○月○○日～平成○○年○○月○○日
④ 主な工種	護岸工、法枠式ブロック張り工
⑤ 施 工 量	法枠式ブロック張り工 2,860 m^2

(3)工事現場における施工管理上のあなたの立場

立　場	現場監督

【設問2】

(1) 安全管理に関して、具体的な現場状況と特に留意した**技術的課題**

　　本工事は、プレキャストコンクリート法枠に間詰め
コンクリートを打設する構造の河川護岸工事である。

　　施工にあたり、河川内へ盛土を使用し、仮締切り
を行う計画であった。締切りのために盛土を行ったと
ころ、仮締切りから多くの湧水が発生し、安全に盛
土を施工することが困難な状態となった。よって、湧
水に対し安全に施工する対策の立案を課題とした。　　　[7行]

(2) 技術的課題を解決するために検討した項目と**検討理由および検討内容**

　　上記の課題である湧水に対し、仮締切りの安定を
確保し、安全に施工するために以下のことを検討した。

　　盛土による仮締切り内には、$\phi100\ \text{mm}$ の水中ポン
プ4台で排水したが、砂質分が多く、透水係数が大
きいため、湧水により法面に崩壊が生じた。そこで、
仮締切り用の盛土法面の止水方法を検討し、土木シー
トを法面に張って遮水する計画とした。

　　土木シートを安定させるために、法尻を土のうで押
さえることを決めた。掘削工事側の法面については、
盛土を補強する目的で法尻部に土のうを積み、押さ
え盛土とし安全を確保する計画とした。　　　[11行]

(3) 上記検討の結果、**現場で実施した対応処置とその評価**

　　上記の検討の結果、仮締切り盛土を安定させるた
めに、以下のことを現場で行った。

　　土木シートは、河川側の遮水だけでなく、掘削工
事側の法面も使用し、雨水による法面の侵食防止対
策で布設した。

　　法尻の補強は、土のうを6段積み、崩壊防止に単
管パイプを立て、周囲を固定することで安全に施工
が完了した。

　　水場での砂質土による仮締切りを、施工方法の工
夫で安全に竣工できたことは評価点である。　　　[10行]

	管理項目	工　種	技術的な課題
No. 23	工程管理	河川工事	トラフィカビリティー改善対策

【設問1】 あなたが経験した土木工事の内容

(1)工事名

工事名	○○川総合治水対策工事

(2)工事の内容

① 発注者名	福島県○○部○○課
② 工事場所	福島県○○市○○地内
③ 工　期	令和○○年○○月○○日～令和○○年○○月○○日
④ 主な工種	コンクリート護岸工
⑤ 施工量	もたれ式擁壁 $H=3.8$ m 鉄筋コンクリート 96 m^3

(3)工事現場における施工管理上のあなたの立場

立　場	現場監督

[トラフィカビリティー]

　現場の路面が、ブルドーザやダンプトラック等が走行しやすいかどうかの程度を表す度合いのこと。トラフィカビリティーの測定はポータブルコーン貫入試験によるコーン指数 q_c で表されるが、この値が大きいほど走行しやすいことを意味する。

【設問2】

(1) 工程管理に関して、具体的な現場状況と特に留意した**技術的課題**

　　本工事は、河川改修工事により施工されるもたれ
式コンクリート護岸工事である。
　　護岸を設置する場所はもともと土水路であったた
め、泥土が堆積し非常に軟弱な地盤であった。このこ
とから、掘削用の重機の足場が悪く、施工が困難であっ
た。よって、トラフィカビリティーを改善して能率的
な施工を行い、工程を安定させることを課題とした。　[7行]

(2) 技術的課題を解決するために検討した項目と**検討理由および検討内容**

　　上記の課題に対して、掘削用重機のトラフィカビ
リティーを改善させるために、以下のことを検討した。
　　トラフィカビリティーは、湿地ブルドーザのコーン
指数をもとに $400\,\mathrm{kN/m^2}$ を確保することとした。そ
して、必要なコーン指数を得るために、土水路であっ
た基礎部をセメント系固化材で地盤改良することとし
た。
　　改良厚さは、バックホウバケットの撹拌能力を考
慮して $50\,\mathrm{cm}$ とした。そして、掘削対象範囲の基礎
部を全て改良し、トラフィカビリティーを改良する計
画とした。　[11行]

(3) 上記検討の結果、**現場で実施した対応処置とその評価**

　　上記の検討の結果、以下の対応処置を現場で実施
した。
　　一般地盤用のセメント系固化材を使用し、擁壁基
礎部を地盤改良しながら流路方向へ施工した。改良
厚さは $50\,\mathrm{cm}$ とし、必要なトラフィカビリティーを確
保した。
　　また、掘削後、敷鉄板を設置して、工事用道路と
することで効率よく施工することができた。
　　トラフィカビリティーの改善で、計画工程通りに
施工ができたことは評価できる。　[10行]

No. 24	管理項目	工　種	技術的な課題
	品質管理	農業土木工事	暑中コンクリートの品質管理

【設問1】 あなたが経験した土木工事の内容

(1)工事名

工事名	○○排水機場工事

(2)工事の内容

① 発注者名	埼玉県○○部○○課
② 工事場所	埼玉県○○市○○地内
③ 工　　期	平成○○年○○月○○日〜平成○○年○○月○○日
④ 主な工種	吸水槽設置工
⑤ 施 工 量	ポンプ用吸水槽　1基 基礎コンクリート工　420 m³

(3)工事現場における施工管理上のあなたの立場

立　場	現場責任者

[コンクリートの打設時間]

　コンクリートの練混ぜから打込み終了までの時間の限度は、夏場など外気温が25℃以上のときは90分以内、外気温が25℃未満のときは120分と定められている。

【設問2】

(1) 品質管理に関して、具体的な現場状況と特に留意した**技術的課題**

　　本工事は、排水機場建設工事であり基礎部のコン

クリートを $420 \, \text{m}^3$ 打設する工事であった。

　　施工時期は夏場で、コンクリート工事の最高気温

が 41°C に達することが予想された。コンクリートの

ボリュームが多く、マスコンクリートおよび暑中コン

クリートとしての品質管理が技術的に重要なポイント

となり、対策が必要となった。　　　　　　　　[7行]

(2) 技術的課題を解決するために検討した項目と**検討理由および検討内容**

　　夏場に打設する基礎コンクリートはマスコンクリー

トでもあり、コンクリートの品質を確保するために以

下の検討を行い、品質管理計画を立案した。

　①レディーミクストコンクリートに使用するセメント

　　は発熱量の少ないものを選定し、温度管理方法を

　　検討した。

　②鉄筋が日射熱で高温になることを防止する対策を

　　検討した。

　③コンクリートの急激な乾燥を防止する対策について

　　計画した。

　④練混ぜから打設完了までの時間管理方法を検討した。 [11行]

(3) 上記検討の結果、**現場で実施した対応処置とその評価**

　　施工の日の天気予報は最高気温が 35°C の予想で

あった。このため、生コン工場の練混ぜ温度を 25°C

以下にする指示を行った。また、型枠は前日からシー

トで覆い、温度上昇を抑制した。

　　ポンプ車を2台配置し、練混ぜから打設完了まで

の時間を90分以内になるよう管理した。養生の初期

は膜養生剤を使用し、その後は養生マットに散水し、

コンクリートの品質を確保した。

　　以上の対策を行ったことで、夏場のコンクリートの

品質低下を防止できたことは評価点である。　　[10行]

No. 25	管理項目	工　種	技術的な課題
	品質管理	造成工事	暑中コンクリートの品質管理

【設問1】 あなたが経験した土木工事の内容

(1)工事名

工事名	○○○タウン○○宅地造成工事

(2)工事の内容

① 発注者名	○○建設工業株式会社
② 工事場所	宮崎県○○市○○地内
③ 工　　期	平成○○年○○月○○日〜平成○○年○○月○○日
④ 主な工種	コンクリート擁壁工
⑤ 施 工 量	L型擁壁　$H=1.5\,\mathrm{m}$、$L=64\,\mathrm{m}$ 鉄筋コンクリート $120.4\,\mathrm{m}^3$

(3)工事現場における施工管理上のあなたの立場

立　　場	現場責任者

Note

[AE減水剤]

　減水剤とAE剤の作用を併せ持ち、減水剤よりも大きな減水効果を有する。遅延形は、凝結遅延効果により、暑中におけるコンクリートのスランプ保持性がある。

【設問2】

(1) 品質管理に関して、具体的な現場状況と特に留意した**技術的課題**

　　本工事は、○○建設工業発注による宅地造成工事であった。

　　このうち、高さ 1.5 m、延長 64 m の L 型コンクリート擁壁工事を行うものである。

　　造成工事の工程計画において、擁壁工事のレディーミクストコンクリートの打設時期が夏季にあたることから、コンクリートの品質確保を課題とした。 [7行]

(2) 技術的課題を解決するために検討した項目と**検討理由および検討内容**

　　夏季の暑中コンクリート施工において、品質を確保するために以下の検討を行った。

　①混和材は、AE 減水剤を使用して単位水量を下げ、ワーカビリティーを高めて打設することとした。

　②コンクリート打設後の締固めを確実に行うために、型枠 45 cm 毎に目印をつけ、内部振動機を直角に差し込み、横送りしないように指示し、これを徹底した。

　③急激な温度変化が起こらないよう、十分な養生を行うこととした。これにより、コンクリートの品質を確保する。 [11行]

(3) 上記検討の結果、**現場で実施した対応処置とその評価**

　　現場において、暑中コンクリートの品質を確保するために以下の対応処置を行った。

　　混和材の AE 減水剤は、標準形ではなく凝結遅延形を使用した。

　　また、打設前に水道用ホースを引き込み、ホース用スプリンクラーを設置して、打設後 24 時間以上の湿潤状態を確保し、コンクリートを養生した。

　　以上により、コンクリートの品質を確保できたことは評価点であると考える。 [10行]

No. 26	管理項目	工　種	技術的な課題
	工程管理	造成工事	盛土の品質管理

【設問 1】 あなたが経験した土木工事の内容

(1)工事名

工事名	○○○タウン○○宅地造成工事

(2)工事の内容

① 発注者名	○○建設工業株式会社
② 工事場所	兵庫県○○市○○地内
③ 工　　期	平成○○年○○月○○日〜平成○○年○○月○○日
④ 主な工種	調整池築堤工、調整池容量 6,720 m³
⑤ 施 工 量	築堤延長 240 m、築堤土量 9,850 m³

(3)工事現場における施工管理上のあなたの立場

立　場	現場責任者

[プレロード工法]

　載荷盛土工法などともいい、軟弱地盤対策工法の一種である。構造物を構築する前に地盤に荷重をかけ、圧密沈下を促進させる工法である。

【設問2】

(1) 品質管理に関して、具体的な現場状況と特に留意した**技術的課題**

　　本工事は、○○建設工業発注による宅地造成工事
の調整池工事を行うものである。

　　調整池の基礎地盤は軟弱で圧密沈下が生じること
がわかっており、盛土工法はプレロード工法で築堤
を行うこととなっていた。

　　よって、圧密沈下量を目標の範囲内とするための、
盛土の品質管理方法が課題となった。 [7行]

(2) 技術的課題を解決するために検討した項目と**検討理由および検討内容**

　　上記の課題に対して、築堤後の圧密沈下を確認す
るために、以下のことを検討した。

　　軟弱な基礎地盤での現場観測項目は、上部シルト
5 m 上に地表面沈下板を設置し、調査地点の沈下量
を測定することを検討した。また、下部シルト層6.3 m
には層別沈下計を設置し、土層の沈下量を測定する
ことを計画した。さらに、上部、下部のシルト層内に
間隙水圧計を設置して、圧密進行状況を観測するこ
ととした。各現場測定項目について、プレロード終了
まで定期的に測定し、圧密沈下量 42 cm の進行を確
認するようにした。 [11行]

(3) 上記検討の結果、**現場で実施した対応処置とその評価**

　　上記検討の結果、以下の対応処置を現場で実施し
た。

　　不動点から沈下板ロッド先端の水準測量を行い、
各現場測定地点で、盛土期間中は1日1回、1ヶ月
目までは3日に1回測定した。3ヶ月目までは1週1
回、3ヶ月以降は1ヶ月1回の測定頻度で実施した。

　　最終的に、プレロード期間9ヶ月において圧密沈
下量 42 cm を確認し、目標とした沈下量となった。

　　圧密沈下量を目標の範囲内とできたことは評価点
と考える。 [10行]

No. 27	管理項目	工　種	技術的な課題
	工程管理	造成工事	先行工事の遅れを取り戻す工程管理

【設問1】　あなたが経験した土木工事の内容

(1)工事名

工事名	○○○タウン○○宅地造成工事

(2)工事の内容

① 発注者名	○○建設工業株式会社
② 工事場所	兵庫県○○市○○地内
③ 工　　期	平成○○年○○月○○日～平成○○年○○月○○日
④ 主な工種	防火水槽築造工（コンクリート二次製品）
⑤ 施 工 量	二次製品防火水槽 40 t（40 m³）

(3)工事現場における施工管理上のあなたの立場

立　　場	現場責任者

　コンクリート二次製品は、プレキャストコンクリート二次製品ともいわれる。製造は建設現場ではなく工場で行われるため、工程が短縮できる。工場では現場よりも良好な品質管理が行われるメリットがある。

【設問2】

(1) 工程管理に関して、具体的な現場状況と特に留意した**技術的課題**

　　本工事は、○○建設工業発注による宅地造成工事に伴い、防火水槽 40 m³ の設置工事を行うものであった。

　　造成工事の全体工程計画において、先行する他の工事で 20 日程度遅れが生じていた。よって、本防火水槽の設置において 20 日の工期を短縮することを課題とした。

[7行]

(2) 技術的課題を解決するために検討した項目と**検討理由および検討内容**

　　上記の課題を解決するために、防火水槽工事において 20 日の工期を短縮するための対策を以下のように検討した。

　　当初、現場打ちコンクリートで施工する予定であったが、当初の工程では 20 日の遅れを解消できなかった。よって、バーチャートを見直し、底盤、側壁、頂盤の 3 回打設、養生に要する 28 日間の工期短縮を検討した。また、防火水槽は二次製品を採用し、クレーンでの吊込み及び設置に 1 日、各ブロックの締付けで 1 日、計 2 日となり、26 日の工期短縮を図ることとした。

[11行]

(3) 上記検討の結果、**現場で実施した対応処置とその評価**

　　上記の検討の結果を踏まえて、工期短縮のために以下のことを現場で実施した。

　　40 m³ の二次製品防火水槽は、中間ブロック 4 個、端面 2 面、ピット 1 個を基礎コンクリート 100 cm の上へ 50 t クレーンで据え付けた。

　　本体は 4 隅を縦方向に 15.2 mm の PC 鋼線で締め付けた。

　　これらに 2 日間を要したため、26 日の工期短縮を図ったことになり、結果、全体工程を予定通りとして満足させることができた。

[10行]

No. 28	管理項目	工　種	技術的な課題
	安全管理	造成工事	土留工の安全管理

【設問 1】　あなたが経験した土木工事の内容

(1)工事名

工事名	○○○タウン○○宅地造成工事

(2)工事の内容

① 発注者名	○○建設工業株式会社
② 工事場所	栃木県○○市○○地内
③ 工　期	平成○○年○○月○○日～平成○○年○○月○○日
④ 主な工種	仮設土留工
⑤ 施 工 量	鋼矢板Ⅲ型、$L=8.5$ m、打設枚数 79 枚

(3)工事現場における施工管理上のあなたの立場

立　場	現場責任者

【設問2】

(1) 安全管理に関して、具体的な現場状況と特に留意した**技術的課題**

　　本工事は、○○建設工業発注による宅地造成に伴い、防火水槽40 m³の設置工事を行うものである。

　　掘削深さが4.2 mと深く、土圧によって土留め矢板が変形し、掘削作業に危険をもたらし、周辺構造物に与える影響も大きいと予想された。したがって、土留め壁の安全性を確認する点検手法、項目の安全管理体制を課題とした。 [7行]

(2) 技術的課題を解決するために検討した項目と**検討理由および検討内容**

　　本工事における土留工の安全を確保するために、以下のような点検手法と点検項目の検討を行った。

　　目視点検として、土留め壁の水平変位を下げ振りで、鉛直変位をトランシットでそれぞれ確認することとした。

　　また、支保工のはらみ、変形の確認は、水糸を張って行うこととした。

　　計器観測は、土留め壁の挿入式傾斜計と切ばりに土圧計を設置することとした。土圧計の値と予測計算結果を比較して、土留め壁の挙動を把握することにより、工事の安全管理を行うこととした。 [11行]

(3) 上記検討の結果、**現場で実施した対応処置とその評価**

　　土留め壁の安全性を確認するために、現場での安全管理は以下のように行った。

　　目視点検は毎日2回、工事の開始時と終了時に行った。

　　計器観測は、矢板内の掘削を行っている間は毎日1回、躯体の鉄筋コンクリート工事の施工中は週1回実施し、実際に作用する土圧が計画した値以内にあることを確認した。

　　以上により、土留め壁の安全を確保し、無事故で工事を完了できた。 [10行]

No. 29	管理項目	工 種	技術的な課題
	工程管理	造成工事	コンクリート打設の工程計画

【設問 1】 あなたが経験した土木工事の内容

(1)工事名

工事名	○○○タウン○○宅地造成工事

(2)工事の内容

① 発注者名	○○建設工業株式会社
② 工事場所	岡山県○○市○○地内
③ 工 期	平成○○年○○月○○日～平成○○年○○月○○日
④ 主な工種	コンクリート擁壁工
⑤ 施 工 量	L 型擁壁、$H=1.5$ m、$L=64$ m 鉄筋コンクリート 120.4 m^3

(3)工事現場における施工管理上のあなたの立場

立 場	現場責任者

[ネットワーク工程表によるクリティカルパスの把握]

　クリティカルパス（重大な経路）は、ネットワーク工程表で最長時間となる経路である。クリティカルパスの経路にある工程が遅延すると、工事全体の工程が伸びることになる。

【設問2】

(1) 工程管理に関して、具体的な現場状況と特に留意した**技術的課題**

　　本工事は、○○建設工業発注による宅地造成工事
のうち、高さ1.5 m、延長64 mのL型コンクリート
擁壁工事を行うものである。
　　現場打ち擁壁7スパンのコンクリートを順次打設
していくと、工程の遅れを招くおそれがあった。した
がって、スパンごとのコンクリート打設計画を課題と
した。　　　　　　　　　　　　　　　　　　　　[7行]

(2) 技術的課題を解決するために検討した項目と**検討理由および検討内容**

　　上記の課題に対して、現場打ち擁壁のコンクリー
ト工事の施工について、以下のような検討を行った。
①現場打ち擁壁7スパンを1スパン飛ばしの2ブロッ
　クに分け、1ブロック（3スパン）を同時施工とし、
　残りの2ブロック（4スパン）と施工開始日をずら
　すことを検討した。
②1ブロック目の底版を1日で打設し、5日の養生を
　終了した段階で、2ブロック目の底版コンクリート
　の打設を始める。そうすることによって、1ブロッ
　クと2ブロックの施工をラップさせる工程計画を
　立案した。　　　　　　　　　　　　　　　　　[11行]

(3) 上記検討の結果、**現場で実施した対応処置とその評価**

　　上記検討の結果、現場において以下の対応処置を
実施した。
　　1ブロック目の3スパンを、底版型枠設置からコン
クリート打設、養生、脱型までを順次行い、それから
2ブロック目の施工を開始した。
　　これと同時に、1ブロック目の側壁コンクリートを
打設する手順で、全64 mの7スパンを施工していっ
た。
　　以上により、当初の計画どおりの工程を確保でき
たことが評価点である。　　　　　　　　　　　[10行]

No. 30	管理項目	工　種	技術的な課題
	工程管理	河川工事	ブロック積みの工期を短縮

【設問 1】　あなたが経験した土木工事の内容

(1)工事名

工事名	○○川河川改修工事

(2)工事の内容

① 発注者名	新潟県○○部○○課
② 工事場所	新潟県○○市○○地内
③ 工　　期	平成○○年○○月○○日〜平成○○年○○月○○日
④ 主な工種	コンクリートブロック積み　帯コンクリート工
⑤ 施 工 量	コンクリートブロック積み　1,750 m²

(3)工事現場における施工管理上のあなたの立場

立　　場	現場監督

【設問2】

(1) 工程管理に関して、具体的な現場状況と特に留意した**技術的課題**

　　本工事は、2級河川○○川の河川改修工事である。

　　河川の両岸に帯コンクリートとコンクリートブロック積みを行うものであった。施工箇所は農業地区で水田が広がり、3月の中旬には水田の代掻きが予定され、田植えの準備が始まる。このため、工期を20日短縮し、ブロック積みを3月上旬に完成させることが要求され、工程管理が課題となった。 [7行]

(2) 技術的課題を解決するために検討した項目と**検討理由および検討内容**

　　コンクリートブロック積み工事の工期を20間短縮するために、現場代理人と下請職長で会議を行い、以下のような効率的な施工方法を検討した。

　①ネットワーク工程表でクリティカルパスを管理することに決定し、施工手順は左岸と右岸を同時に施工する方法を検討した。

　②左岸側は道路幅員が狭く、大型トラックが進入不可能であったため、コンクリートブロックの搬入やコンクリートの打設方法を検討した。

　　以上の検討により、工期を20日間短縮する工程管理計画を立案した。 [11行]

(3) 上記検討の結果、**現場で実施した対応処置とその評価**

　　上記の検討に基づき、以下の対応処置を実施したことで23日間の工期短縮を図った。

　　左岸側は道路が狭く施工効率が悪くなるため、2工区に分割し施工した。右岸と左岸側を同時に3工区施工した。

　　ブロック材料と生コンクリートは、右岸側からクローラークレーン50tで小運搬することで施工効率をアップした。

　　以上の工夫を行うことで、工程を23日間短縮できたことは評価できる。 [10行]

	管理項目	工　種	技術的な課題
No.31	品質管理	農業土木工事	暑中コンクリートの品質管理

【設問 1】 あなたが経験した土木工事の内容

(1)工事名

工事名	○○○排水機場 2 工事

(2)工事の内容

① 発注者名	静岡県○○部○○課
② 工事場所	静岡県○○市○○地内
③ 工　　期	平成○○年○○月○○日～平成○○年○○月○○日
④ 主な工種	下部工コンクリート工
⑤ 施 工 量	コンクリート打設量 530 m³

(3)工事現場における施工管理上のあなたの立場

立　場	現場主任

[暑中コンクリート]

　夏季の気温が高いときに施工されるコンクリートをいう。気温が高いことで、表面水が蒸発してひび割れが発生したり、凝結時間が早まることでコンクリートの品質が悪くなる。そのため、暑中コンクリートとして対策を講じた施工をすることが重要である。

【設問2】

(1) 品質管理に関して、具体的な現場状況と特に留意した**技術的課題**

　　本工事は、県営かんがい排水事業で実施する○○

排水機場の下部エコンクリート工事である。

　　コンクリート打設工事は8月の第1週に行われた

が、昨年の同時期の気温を調べると最高で30℃を超

えていた。

　　よって、夏季に施工するコンクリートの品質を確保

することを課題とした。　　　　　　　　　　　　　　　　　[7行]

(2) 技術的課題を解決するために検討した項目と**検討理由および検討内容**

　　猛暑が予想される環境において、コンクリートを打

設するための施工で品質を確保するため、以下の対

策を行うことを検討した。

①工場へ、セメントは一定期間貯蔵されて温度の下

　がったものを使用するよう指示をする。

②コンクリート打設前に型枠に散水して、型枠の温

　度を下げるとともに湿らせる。

③コンクリートの打込み時間を短くし、仕上り面には、

　急激な水分の蒸発を防ぐために常に散水する。

　　以上の対策により暑中コンクリートの品質確保を

検討した。　　　　　　　　　　　　　　　　　　　　　　[11行]

(3) 上記検討の結果、**現場で実施した対応処置とその評価**

　　上記検討の結果、現場では以下の対応処置を実施

した。

　　施工前に現場の温度計で気温を測定したところ

32℃であったため、暑中コンクリートの対策を実施し

た。

　　工場への事前指示とともに、コンクリートポンプ車

を日陰に配置し、練混ぜから打終わりまでの時間を1.5

時間以内とした。

　　型枠など常に散水を行った。

　　以上により、暑中コンクリートの品質が確保できた。　[10行]

No. 32	管理項目	工　種	技術的な課題
	品質管理	農業土木工事	コールドジョイントの発生防止

【設問1】　あなたが経験した土木工事の内容

(1)工事名

工事名	○○○排水機場2工事

(2)工事の内容

① 発注者名	静岡県○○部○○課
② 工事場所	静岡県○○市○○地内
③ 工　期	平成○○年○○月○○日～平成○○年○○月○○日
④ 主な工種	下部工コンクリート工
⑤ 施 工 量	コンクリート打設量 530 m³

(3)工事現場における施工管理上のあなたの立場

立　場	現場責任者

 [コールドジョイント]

　先に打ち込んだコンクリートが、夏の暑い日ではコンクリートが早く固まり、後から打つコンクリートと一体にならないことがある。このような境目（継ぎ重ね目）をコールドジョイントといい、漏水などの原因となる。

【設問 2】

(1) 品質管理に関して、具体的な現場状況と特に留意した技術的課題

　　本工事は、県営かんがい排水事業で実施する○○
排水機場の下部エコンクリート工事である。

　　下部工の壁高は 7.4 m と比較的高く、またコンク
リート総打設量が 530 m³ と多いことから、打継目が
必要になった。

　　施工にあたり、打継目コールドジョイント発生防止
を課題とした。　　　　　　　　　　　　　　　　[7行]

(2) 技術的課題を解決するために検討した項目と検討理由および検討内容

　　コンクリート打継目のコールドジョイント発生を防
止するため、以下のことを検討した。

　　水槽壁のコンクリートを打ち込む際、外気温を測
定したところ 32℃であったため、打重ね時間間隔を
2 時間以内となる区画を計画した。

　　また、1 層の高さを 30 cm 程度とし、バイブレータ
をコンクリートの流れの先端に追従させながら、ジョ
イント面を十分に締め固めた。

　　コンクリートの練混ぜから打込みまでの時間を短く
し、コールドジョイントの発生を防止し、コンクリー
ト打ち継目を施工した。　　　　　　　　　　　　[11行]

(3) 上記検討の結果、現場で実施した対応処置とその評価

　　コールドジョイントの発生を防止するため、以下の
対応処置を行った。

　　練混ぜから打込みまでの時間が 80 分となることか
ら、測定した外気温 32℃ から判断し、打重ね時間間
隔を 2 時間以内とした。

　　また、バイブレータを下層に 10 cm 程度挿入する
ことで、十分に締固めを行うように施工した。

　　以上の結果、打継目に対して必要な対策を行い、
コールドジョイントの発生を防止でき、課題に対する
目標を達成することができた。　　　　　　　　　[10行]

No. 33	管理項目	工　種	技術的な課題
	工程管理	農業土木工事	湧水のある条件での工程確保

【設問 1】　あなたが経験した土木工事の内容

(1) 工事名

工事名	○○○排水機場 2 工事

(2) 工事の内容

① 発注者名	茨城県○○部○○課
② 工事場所	茨城県○○市○○地内
③ 工　　期	平成○○年○○月○○日〜平成○○年○○月○○日
④ 主な工種	護岸工
⑤ 施 工 量	張りブロック護岸 84 m 法長 4.62 m

(3) 工事現場における施工管理上のあなたの立場

立　場	現場責任者

【設問2】

(1) 工程管理に関して、具体的な現場状況と特に留意した**技術的課題**

　　本工事は、県営かんがい排水事業で実施する○○排水機場の河川護岸で、法長 4.62 m の張りブロックを上下流 84 m 施工するものである。

　　護岸施工時に、大型土のうで仮締切りを行ったが、湧水が多く、基礎部のコンクリートの施工が困難となった。

　　よって、工程管理を課題とした。 [7 行]

(2) 技術的課題を解決するために検討した項目と**検討理由および検討内容**

　　盛土による仮締切り内には、φ150 mm の水中ポンプ 3 台を設置して掘削を行ったが、法面からの湧水が多く、一部に崩壊が生じた。そこで、仮設盛土法尻に大型土のうを積み、押え盛土工法による効果を期待し、法面を安定させる補強と湧水を減少させる対策を検討した。

　　また、残工事を整理し、工程計画を修正するために再度ネットワーク工程表を作成することを検討した。その修正工程により、重点的に管理が必要な作業を把握し、実施工程を計画工程の管理限界内に確保する計画を検討した。 [11 行]

(3) 上記検討の結果、**現場で実施した対応処置とその評価**

　　上記を検討した結果、現場では以下の対応処置を実施した。

　　修正工程により、重点的に管理が必要となったクリティカルパスとなる基礎コンクリート工、法面整形工、護岸ブロック工については、作業員を 4 名増員して施工した。

　　また、資材納入の調整も併せて行った。

　　その結果、湧水対策に費やした 3 日分の短縮を行うことができた。工期内に工事を完成することができた点は、評価できることと考える。 [10 行]

管理項目	工　種	技術的な課題
安全管理	農業土木工事	杭基礎工施工時の安全確保

No. 34

【設問 1】　あなたが経験した土木工事の内容

(1)工事名

工事名	○○○排水機場 2 工事

(2)工事の内容

① 発注者名	高知県○○部○○課
② 工事場所	高知県○○市○○地内
③ 工　　期	平成○○年○○月○○日～平成○○年○○月○○日
④ 主な工種	基礎工
⑤ 施 工 量	PHC 杭 φ700 mm（A 種）×24 m、44 本

(3)工事現場における施工管理上のあなたの立場

立　場	現場責任者

Note

[ヤットコ]

　打込み工法や中堀り工法で、杭の杭頭部の位置を地中、あるいは水中に打ち込むときに用いる鋼管製の仮杭をいう。

【設問2】

(1) 安全管理に関して、具体的な現場状況と特に留意した**技術的課題**

　　本工事は、県営かんがい排水事業で実施する○○
排水機場の下部工基礎杭24 mを44本施工するもの
である。
　　現況水路を埋め戻して杭を打設することから、杭
打ち機の転倒を防止することと、ヤットコ使用後の穴
への作業員の落下を防止すること等、杭施工時の安
全管理を課題とした。

[7行]

(2) 技術的課題を解決するために検討した項目と**検討理由および検討内容**

　　杭打ち機の転倒防止と、ヤットコ使用後の穴によ
る労働災害を防止するために、以下のような検討を
行った。
　　杭打ち機が埋め戻した土水路内で転倒することを
防止するため、作業性改善の検討を行った。排水路
河床の堆積土を湿地ブルドーザで掘削し、別工区で
発生した砂質土を敷き均した上で、作業範囲に鉄板
を敷くこととし、杭打ち機の安定を確保する。
　　また、ヤットコを使用して杭を打設した後の穴には、
発生土を使用して埋めることにより、労働者の安全を
確保することとした。

[11行]

(3) 上記検討の結果、**現場で実施した対応処置とその評価**

　　杭打ち時の作業場所の地耐力や危険箇所における
労働災害を防止するため、現場では以下の対応処置
を行った。
　　杭打ち機を設置する場所において、地盤の支持力
を確保するため、別工区で発生した砂質土を60 cm
敷き均し、鉄板を走行範囲に2列で敷いた。
　　杭打ち後は仮置きしておいた発生土を用い、ヤット
コの穴を埋め、安全対策を実施した。
　　以上により、無事故で工事を完了できたことは評
価点である。

[10行]

No. 35	管理項目	工　種	技術的な課題
	品質管理	農業土木工事	杭基礎工の品質管理

【設問 1】　あなたが経験した土木工事の内容

(1)工事名

工事名	○○○排水機場 2 工事

(2)工事の内容

① 発注者名	広島県○○部○○課
② 工事場所	広島県○○市○○地内
③ 工　　期	令和○○年○○月○○日〜令和○○年○○月○○日
④ 主な工種	杭基礎工
⑤ 施 工 量	基礎杭　PHC 杭 ϕ700 mm（A 種）×24 m、44 本

(3)工事現場における施工管理上のあなたの立場

立　場	現場責任者

[中堀り杭工法]

　中掘り杭工法などと表記することもある。アースオーガなどを用いて既製杭の中空部を掘削しながら、杭自重や圧入または打撃を加えながら杭を沈設させる工法である。

【設問2】

(1) 品質管理に関して、具体的な現場状況と特に留意した技術的課題

　　本工事は、県営かんがい排水事業で実施する○○
排水機場の下部工基礎杭24mを、中堀り杭工法で
44本施工するものである。
　　既存ボーリングデータでは、中間に浅い礫層が介
在していることが確認されていた。よって、この層を
掘削する際、杭体を傷つけないような品質管理を課
題とした。 [7行]

(2) 技術的課題を解決するために検討した項目と検討理由および検討内容

　　中堀り杭工法により、杭を損傷することなく掘削し
て沈設するために、以下のように検討した。
　　層厚1.0m、礫径80mmの中間礫層は、杭内径
の1/5以下（100mm以下）の礫径であったが、礫
径のばらつきが予想されることから、スパイラルオー
ガでこの礫層を掘削することは危険であると判断でき
た。
　　この礫層は基礎地盤面から比較的浅い3.0mに位
置し、層厚も1.0mと薄い。このことから、中堀り杭
の沈設前に、礫層を先行排除する工法の採用を検討
した。 [11行]

(3) 上記検討の結果、現場で実施した対応処置とその評価

　　上記を検討した結果、現場では以下の対応処置を
実施した。
　　使用した杭は、杭外径700mm、杭内径500mm
であることから、試験杭で杭外径700mm用のプレ
ボーリング工法により、礫層までをオーガ掘削した。
　　掘削によって排土された礫の状態を確認し、中堀
り杭工法により24mの杭を沈設することができた
ので、プレボーリング併用の中堀り工法で施工した。
その結果、杭の損傷を防止することができたことが評
価できる点と考える。 [10行]

6章

No.36	管理項目	工　種	技術的な課題
	品質管理	上水道工事	ダクタイル鋳鉄管接続作業の品質管理

【設問1】 あなたが経験した土木工事の内容

(1)工事名

工事名	○○号線配水管布設工事

(2)工事の内容

① 発注者名	埼玉県○○部○○課
② 工事場所	埼玉県○○市○○地内
③ 工　　期	平成○○年○○月○○日～平成○○年○○月○○日
④ 主な工種	ダダクタイル鋳鉄管敷設工（φ300）　仕切り弁設置工
⑤ 施 工 量	ダダクタイル鋳鉄管敷設工 $L＝890$ m 仕切り弁設置工12箇所

(3)工事現場における施工管理上のあなたの立場

立　場	現場責任者

［ダクタイル鋳鉄管］

　ダクタイル鋳鉄を使用した管のことで、強度や延性を改良した鋳鉄で作られている。水道管や下水道管、ガス管などに使用されている。

【設問2】

(1) 品質管理に関して、具体的な現場状況と特に留意した**技術的課題**

　　本工事は、市道○号線の歩道部に上水道配水管
（ダクタイル鋳鉄管φ300）を土かぶり1.2 mで$L=$
890 m布設する工事であった。

　　過去の事例として、配管工事ではボルトの締付け
不良による漏水が発生したため、ダクタイル鋳鉄管の
接続作業の品質管理を重点課題とし、漏水防止対策
の品質管理計画立案が技術的な課題となった。 [7行]

(2) 技術的課題を解決するために検討した項目と**検討理由および検討内容**

　　過去に漏水が発生した原因を調査したところ、ボ
ルト・ナットの締付けの品質不良によるものがほとん
どであることが判明した。そのため、以下の対策を検
討した。

①継手部の汚れを除去し、保護および検査手順を確
　立して、汚れがついた場合は完全に水洗いして、
　土などの汚れを取り除く手順書を作成した。

②鋳鉄管の接続手順書を検討し、トルクレンチで上
　下左右対称に締め付け、片締めしないように定め
　た。また、締付け後は職長が全箇所確認し、チェッ
　クシートに記録する手順を定めた。 [11行]

(3) 上記検討の結果、**現場で実施した対応処置とその評価**

　　配水管の締付け作業責任者を選任し、継手の汚れ
やボルトの締付け順序およびトルク（100 N・m）の
管理はチェックシートを用いて実施した。また、継手
接続完了検査は職長が行い、チェックシートに記録
し、監督員が最終確認を行った。

　　以上により、ダグタイル鋳鉄管の接続不良を防止
し、配管工事を完了することができた。

　　過去の事例、データを調査して施工管理手順を改
善し、品質の確保ができたことは評価できる点であ
る。 [10行]

管理項目	工　種	技術的な課題
工程管理	上水道工事	湧水処理対策で計画工程を確保

【設問 1】　あなたが経験した土木工事の内容

(1)工事名

工事名	○○号線水道管布設工事

(2)工事の内容

① 発注者名	石川県○○部○○課
② 工事場所	石川県○○市○○地内
③ 工　　期	令和○○年○○月○○日～令和○○年○○月○○日
④ 主な工種	ポリエチレン管敷設工 ϕ100
⑤ 施 工 量	ポリエチレン管敷設工 L＝732 m 仕切り弁設置工 10 箇所

(3)工事現場における施工管理上のあなたの立場

立　　場	現場責任者

【設問2】

(1) 工程管理に関して、具体的な現場状況と特に留意した**技術的課題**

　　本工事は、上水道の配水管（ポリエチレン管
$\phi100$）を土かぶり1.2 mで$L=732$ m区間を即日復
旧により道路開放する工事であった。地質は軟弱で
湧水があり、当初予定した1日あたりの進捗施工が
できない状態となった。このため、工期内に完成させ
るための工程管理を重点課題とし、工程内完成のた
めの検討が課題となった。　　　　　　　　　　　[7行]

(2) 技術的課題を解決するために検討した項目と**検討理由および検討内容**

　　進捗の遅れの原因となった作業工程を分析したと
ころ、矢板の根入れ不足によるヒービングおよび湧水
の排水不良で足場が軟弱となる要因が判明した。そ
のため、以下の対策を検討した。

①当初の計画は、湧水が少ないと考え、山留工は木
　矢板で施工するものであった。そこで、現場の状
　況にあった矢板の根入れを計算した。

②湧水がある軟弱な粘土層の足元を練り返してしま
　い、作業効率が悪くなっていたので、掘削と水替
　え方法の作業手順を再検討し、作業手順書を作成
　した。　　　　　　　　　　　　　　　　　　[11行]

(3) 上記検討の結果、**現場で実施した対応処置とその評価**

　　現場では、以下の対応処置を実施した。

　　山留工の木矢板を簡易鋼矢板に変更し、根入れ長
を1.5 mとすることでヒービングを防止した。また、
掘削の床付けの際、30 cm深く釜場を設置し、掘削
の進行に合わせて両サイドに素掘り溝を設置して、
釜場排水を行った。

　　以上を実施したことで作業効率が改善し、当初の
計画工程の遅れを取り戻すことができた。土留工と
排水方法を改善し、工程の遅れを取り戻せたことは
評価点である。　　　　　　　　　　　　　　　[10行]

No. 38	管理項目	工　種	技術的な課題
	工程管理	下水道工事	鋼矢板の打込みの工程管理

【設問 1】 あなたが経験した土木工事の内容

(1) 工事名

工事名	○号幹線水路工事

(2) 工事の内容

① 発注者名	千葉県○○整備センター
② 工事場所	千葉県○○市○○地内
③ 工　期	平成○○年○○月○○日～平成○○年○○月○○日
④ 主な工種	架設土留工
⑤ 施 工 量	鋼矢板Ⅲ型 282 枚、$L＝7.0$ m

(3) 工事現場における施工管理上のあなたの立場

立　場	現場責任者

[N 値]

　地盤の強度を表す数値で、標準貫入試験によって求める。63.5 kg のおもりを 76 cm の高さから自由落下させ、土中のサンプラーを 30 cm 貫入させるまでに要した打撃の回数が N 値である。打撃回数が大きいほど地盤の強度は大きいことになる。

【設問2】

(1) 工程管理に関して、具体的な現場状況と特に留意した**技術的課題**

　　本工事は、千葉県○○整備センター発注の○号幹線水路工事で、ボックスカルバートを施工するために山留めを行うものである。

　　周辺に宅地があり、鋼矢板を低公害工法で圧入することになっていたが、砂層でN値が40と硬く、圧入が困難と考えられたので、矢板を工程計画通りに打設する工程管理を課題とした。

[7行]

(2) 技術的課題を解決するために検討した項目と**検討理由および検討内容**

　　周辺に宅地があり、低公害工法として油圧式圧入機で鋼矢板を圧入するが、N値40の砂層に矢板を立て込み、土留工を施工するために、以下の検討を行った。

　　油圧式圧入機の施工可能N値は15程度であり、砂層N値40を圧入するのは不可能であった。よって、補助工法を用いることとした。

　　補助工法には、アースオーガに比べ仮設備が小さいウォータージェットを併用することとした。これにより、砂層を打ち抜いて、鋼矢板7.0mを圧入で確保することができる。

[11行]

(3) 上記検討の結果、**現場で実施した対応処置とその評価**

　　上記検討の結果、鋼矢板7.0mを圧入するために以下の処置を行った。

　　矢板と地盤の摩擦を軽減するため、油圧式圧入機に、補助工法として14.7MPaのウォータージェットを用いた。ウォータージェットの使用はN値40を打ち抜くまでの4.3mとし、残り2.7mはジェットを使用しないで圧入した。

　　以上により、282枚の鋼矢板を計画した工程通りに打設でき、周辺の住民からも苦情が出なかったことは評価できる点である。

[10行]

No. 39	管理項目	工　種	技術的な課題
	工程管理	農業土木工事	土留め支保工の工程管理

【設問1】　あなたが経験した土木工事の内容

(1)工事名

工事名	第○排水機場下部工事（○○地区○○機場）

(2)工事の内容

① 発注者名	愛媛県○○部○○課
② 工事場所	愛媛県○○市○○地内
③ 工　　期	平成○○年○○月○○日～平成○○年○○月○○日
④ 主な工種	仮設工、土留工
⑤ 施 工 量	鋼矢板Ⅲ型 $L=11.5$ m、376枚

(3)工事現場における施工管理上のあなたの立場

立　　場	現場監督

【設問2】

(1) 工程管理に関して、具体的な現場状況と特に留意した**技術的課題**

　　本工事は、排水ポンプ設備を設置する吸水槽を建設するための仮設土留め工事であり、掘削深さ6.3 mの躯体周囲を鋼矢板Ⅲ型、2段切ばり式で行うものである。

　　躯体工事は、閉合した矢板内で行うことから、2段に交差した切ばり内での繁雑な作業となり、土留め支保工の工程管理を課題とした。

[7行]

(2) 技術的課題を解決するために検討した項目と**検討理由および検討内容**

　　土留め支保工と掘削を効率よく行うために、以下のことを検討した。

①施工ブロックは、バックホウ掘削範囲を考慮して、左右両端と中央の3つに分割した。

②矢板打込み後、支保工に偏土圧が作用しないように、中央ブロックからの掘削とした。

③中央ブロックの掘削後、支保を設置しながら、右側ブロックの掘削を平行作業とした。

④支保工の計器観測もブロックごとに行い、順次各ブロックの平行作業を実施することで工期を確保した。

[11行]

(3) 上記検討の結果、**現場で実施した対応処置とその評価**

　　繁雑な土留め支保工作業を計画した工程通りに遅滞なく実施するため、現場では以下の対応処置を行った。

　　中央ブロックの支保工を設置後、右側ブロックの掘削を開始した。この掘削作業中に中央部の計器観測と安全確認を行い、右側部の支保工設置工事を開始した。左側ブロックも右側ブロックと同様に施工した。

　　以上のように、ブロックごとの平行作業を計画したことによって工期を厳守できたことは評価点である。

[10行]

No. 40	管理項目	工　種	技術的な課題
	安全管理	農業土木工事	資材搬入時の安全確保

【設問 1】 あなたが経験した土木工事の内容

(1) 工事名

工事名	第○排水機場下部工事（○○地区○○機場）

(2) 工事の内容

① 発注者名	愛媛県○○部○○課
② 工事場所	愛媛県○○市○○地内
③ 工　期	平成○○年○○月○○日〜平成○○年○○月○○日
④ 主な工種	架設土留工
⑤ 施 工 量	鋼矢板Ⅲ型 $L=11.5$ m、376 枚

(3) 工事現場における施工管理上のあなたの立場

立　場	現場責任者

【設問2】

(1) 安全管理に関して、具体的な現場状況と特に留意した**技術的課題**

　　本工事は、排水ポンプ設備を設置する吸水槽を建設するための仮設土留め工事を、鋼矢板Ⅲ型、2段切ばり式で行うものである。

　　2段切ばりは各段で交差しており、切ばりの長さが7.5mと長く、土留め材料の設置、撤去作業は危険であり、通常以上の注意が必要であった。よって、重量物搬入の安全管理を課題とした。

[7行]

(2) 技術的課題を解決するために検討した項目と**検討理由および検討内容**

　　切ばり、腹起し等の重量物、長尺物の搬入を安全に行うために、以下のことを検討した。

①作業時の有害要因を作業手順ごとに特定し、防災対策を立てた。

②防止対策ごとに、誰が対象となるのかを明確にし、作業員に周知徹底した。

③危険区域を明示し、関係者以外の立入りを禁止する処置をとった。

④作業主任者を配置し、作業主任者が直接作業を指揮することにより、土留め材搬入時の安全管理を行った。

[11行]

(3) 上記検討の結果、**現場で実施した対応処置とその評価**

　　上記を検討して、以下のような安全対策を行った。

　　作業員、玉掛け者、作業主任ごとに作業手順書を作成し、教育訓練により災害防止対策を周知させた。

　　土留め支保工作業主任者を設置箇所、投入箇所に各1名選任、配置した。作業状況はトランシーバー無線機で双方向通話によって連絡し、意思の疎通を図りながら作業を行った。

　　玉掛けは有資格者が必ず行い、合図は大きく一人で行い、無事故で土留め材の設置が実施できたことは評価できる点と考える。

[10行]

6章

No. 41	管理項目	工　種	技術的な課題
	安全管理	農業土木工事	土留工施工時の安全管理

【設問1】 あなたが経験した土木工事の内容

(1)工事名

工事名	第○排水機場下部工事（○○地区○○機場）

(2)工事の内容

① 発注者名	愛媛県○○部○○課
② 工事場所	愛媛県○○市○○地内
③ 工　期	平成○○年○○月○○日～平成○○年○○月○○日
④ 主な工種	仮設土留工
⑤ 施 工 量	鋼矢板Ⅲ型 $L＝11.5$ m、376枚 切ばり 3.8 t、腹起し 6.2 t

(3)工事現場における施工管理上のあなたの立場

立　場	現場責任者

【設問2】

(1) 安全管理に関して、具体的な現場状況と特に留意した技術的課題

　　本工事は、排水ポンプ設備を設置する○○排水機場吸水槽の下部工事である。

　　平均掘削深さが5.5mであることから、鋼矢板による土留めを行い、2段式切ばりを設置した。切ばりは1本あたり19.6mを2段設置し、合計20本と多くなることから、危険の伴う撤去時の安全管理を課題とした。

[7行]

(2) 技術的課題を解決するために検討した項目と検討理由および検討内容

　　切ばり、腹起し等の支保工を撤去するときに、以下のことを安全管理として検討した。

①切ばり中間継手の解体は、作業員が落下するおそれがあるため、作業体制を検討し、常に2人作業とした。

②支保材の取外しは、クレーンで吊ってから取り外すこととし、玉掛け者には2本吊りを徹底させた。

③玉掛けの不備など材料の落下による災害を防止する対策は、搬出する作業場所には立入禁止処置としてバリケードを設置し、労働者の立入りを禁止する計画とした。

[11行]

(3) 上記検討の結果、現場で実施した対応処置とその評価

　　現場では、以下のような対応処置を行った。

　　支保工の解体作業を行う場合は、親綱を設置して作業者には安全帯を使用させた。

　　ボルトを全て外さないように作業手順書の内容を作業員に周知させて作業を行った。

　　ワイヤーロープは毎朝必ず点検を行い、立入禁止処置を行っているバリケードは常時点検を行うことで、支保工撤去の安全管理を行った。

　　以上を実施し、無事故で工事を完了できたことは評価点である。

[10行]

6章

No. 42	管理項目	工 種	技術的な課題
	安全管理	河川工事	吊り荷の落下やクレーン転倒事故防止対策

【設問1】 あなたが経験した土木工事の内容

(1)工事名

工事名	○○川河川改修工事

(2)工事の内容

① 発注者名	大分県○○部○○課
② 工事場所	大分県○○市○○地内
③ 工 期	令和○○年○○月○○日～令和○○年○○月○○日
④ 主な工種	コンクリートブロック積工
⑤ 施 工 量	コンクリートブロック積み工 1,750 m² 帯コンクリート工 78.5 m

(3)工事現場における施工管理上のあなたの立場

立 場	現場責任者

[クレーンのアウトリガー]

　クレーンの車体から横に張り出された足のような構造で、クレーンの転倒を防止するために使用する。

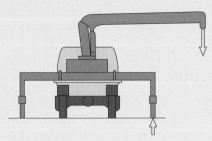

【設問2】

(1) 安全管理に関して、具体的な現場状況と特に留意した**技術的課題**

　　本工事は、○○川の河川改修工事であり、河川の
両岸に帯コンクリートを設置し、コンクリートブロッ
ク積みを行うものであった。材料の搬入やコンクリー
ト打設は、左岸側道路幅員が狭いため、対岸から移
動式クレーンで小運搬する計画とした。このため、吊
り荷の落下やクレーン転倒事故防止が安全管理の課
題となった。　　　　　　　　　　　　　　　　[7行]

(2) 技術的課題を解決するために検討した項目と**検討理由および検討内容**

　　左岸のコンクリートブロック材料と帯コンクリート
等の生コンクリート材料を右岸の平場からクレーンで
吊り込み、小運搬する計画を検討した。

　　また、吊り荷の飛来落下や地盤支持力不足でクレー
ンが転倒することを防止する目的で、以下の検討を
行った。

　①吊り荷の落下事故を防止するため、作業主任者の
　　選任、合図人の配置と連絡手順計画を検討した。

　②クレーンのアウトリガーを設置する地盤を調査し、
　　必要な補強方法の検討を行った。

　　上記の検討により、安全管理計画を立案した。　[11行]

(3) 上記検討の結果、**現場で実施した対応処置とその評価**

　　検討結果に基づき、以下のことを現場で実施した。

　①玉掛け作業は、有資格者から作業主任者を選任し、
　　現場を指揮した。合図人は必要な場所に複数配置
　　し、運転手と作業員との死角を補完し、トランシー
　　バーで作業の連絡を確実に行った。

　②クレーン設置箇所の地盤支持力を平板載荷試験で
　　調査し、礫質土で置き換え、鉄板(22mm)で補強し、
　　安全率2を確保した。

　　以上により、無事故で工事を完了できたことは、評
価できる点であると考える。　　　　　　　　　[10行]

No. 43	管理項目	工　種	技術的な課題
	工程管理	道路工事	擁壁工事の工期を短縮する対策

【設問 1】　あなたが経験した土木工事の内容

(1)工事名

工事名	○○県道○○号線道路拡幅工事

(2)工事の内容

① 発注者名	宮城県○○部○○課
② 工事場所	宮城県○○市○○地内
③ 工　　期	平成○○年○○月○○日～平成○○年○○月○○日
④ 主な工種	鉄筋コンクリート擁壁工 $H=2.5 \sim 5.0$ m
⑤ 施 工 量	擁壁工 110 m 路盤工 3,500 m^2

(3)工事現場における施工管理上のあなたの立場

立　場	現場監督

[クリティカルパス]

　クリティカルパスは最初の作業から最後の作業に至る「最長パス」である。下図の例では、赤い実線（—）の経路 20 日がクリティカルパスとなる。

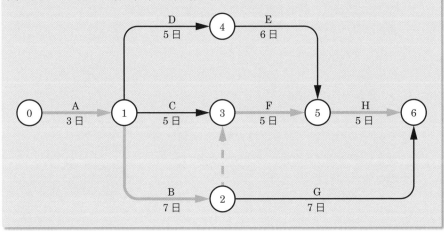

【設問 2】

(1) 工程管理に関して、具体的な現場状況と特に留意した**技術的課題**

　　本工事は、県道○号線を道路改良し拡幅するもの
である。舗装工に先立ち鉄筋コンクリート擁壁（現場
打ち）を延長 110 m 建設する計画であった。工事は
発注されたが用地買収の手続きの遅れで着工が 60 日
遅れ、工期内完成が不可能となった。ネットワーク工
程表を作成したところ、擁壁工事がクリティカルパス
であることから、擁壁工事の工程短縮が課題となった。　[7 行]

(2) 技術的課題を解決するために検討した項目と**検討理由および検討内容**

　　着工の遅れを取り戻し、工期内完成を重要課題と
して、以下の施工方法の検討を行った。

①作業効率をアップするため、大型重機を可能な限
　り多く配置する計画を検討し、工事の出来高を上
　げる施工計画を立案した。

②1 班編成で片押し施工する計画から、工区分けを
　して施工できるか検討し、複数ブロックで並行に
　施工する施工計画を立案した。

③型枠の組立て・解体作業は、大型クレーンを使って、
　大枠ブロック構造にして現地で組み立てる計画を
　検討した。　[11 行]

(3) 上記検討の結果、**現場で実施した対応処置とその評価**

　　検討した計画に基づき、以下の事項を現場で実施
した。

　　掘削機械として 1.4 m³ 級のバックホウと 20 t ダン
プトラックを使用した。3 工区に分け、3 班同時施工
とした。型枠工の施工に 25 t クレーンを活用し、大
きく組んだ型枠の組立て・解体を実施し、擁壁工事
の工程を 63 日間短縮することができた。施工に使用
する機械や型枠を大型化して、施工エリアを分割す
ることで工期を短縮し工期内完成できたことは、評価
できる点であると考える。　[10 行]

No. 44	管理項目	工　種	技術的な課題
	工程管理	下水道工事	ボイリングによる工程遅れ防止対策

【設問 1】 あなたが経験した土木工事の内容

(1)工事名

工事名	○号幹線排水路工事

(2)工事の内容

① 発注者名	千葉県○○部○○課
② 工事場所	千葉県○○市○○地内
③ 工　　期	平成○○年○○月○○日～平成○○年○○月○○日
④ 主な工種	仮設土留工
⑤ 施 工 量	ウェルポイント 32 本 鋼矢板Ⅲ型 82 枚、$L=7.0$ m

(3)工事現場における施工管理上のあなたの立場

立　　場	現場責任者

[ボイリング]

　地下水位の高い砂質地盤で土留工を行う場合に生じやすく、掘削面と水位差によって、地下水とともに湯が沸騰しているかのように土砂が掘削面に流出してくる現象をいう。（ヒービングとの違いはよく理解しておくこと。）

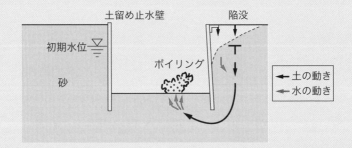

【設問2】

(1) 工程管理に関して、具体的な現場状況と特に留意した**技術的課題**

　　本工事は、千葉県○○整備センター発注の○号幹線排水路工事で、ボックスカルバートを施工するために山留めを行うものである。山留め施工場所は地下水位が高く、○○川が近接していることと、掘削底面が砂地盤であることから、ボイリングの発生が予想され、工程の遅れが懸念された。よって、工程が安定して作業できるような対策を工程管理の課題とした。 [7行]

(2) 技術的課題を解決するために検討した項目と**検討理由および検討内容**

　　ボイリングを防止するための地下水位の設定について、以下の検討を行った。

①施工期間の河川計画水位が 11.2 m であったことから、施工時には河川水位の影響があると考え、地下水位の設定を、河川水位に合わせて 11.2 m とした。

②砂地盤であることから、ボイリングを満足する鋼矢板の根入れ長を確保した。さらに、鋼矢板を打ち込んだときに、矢板沿いに水道ができていると予想されたので、ウェルポイントで地下水を低下させ、ボイリングを防止した。 [11行]

(3) 上記検討の結果、**現場で実施した対応処置とその評価**

　　ボイリングを防止するために、以下の対応処置を行った。

　　ウェルポイント工法は、集水パイプ（$L=7.5$ m）を 1.2 m ピッチで 32 本打ち込んだ。

　　矢板は、ボイリングを防止するための必要な根入れ長 4.2 m 以上とした。

　　ウェルポイントを併用することで、ボイリングを防止した。

　　以上の対策を実施したことで、工程の遅れもなく工事を完成させることができた。 [10行]

No. 45	管理項目	工　種	技術的な課題
	安全管理	下水道工事	ボイリングによる事故防止対策

【設問 1】　あなたが経験した土木工事の内容

(1) 工事名

工事名	○○樋管改修第○工事

(2) 工事の内容

① 発注者名	静岡県○○部○○課
② 工事場所	静岡県○○市○○地内
③ 工　期	平成○○年○○月○○日～平成○○年○○月○○日
④ 主な工種	仮設工
⑤ 施 工 量	ウェルポイント 18 本 鋼矢板Ⅱ型 68 枚、$L＝9.5\,\mathrm{m}$

(3) 工事現場における施工管理上のあなたの立場

立　場	現場責任者

［鋼矢板打設ウォータージェット工法］

　ウォータージェットカッターから噴出される高圧力水を補助として、岩盤や玉石混じり礫質土層に、鋼矢板・H 鋼の打込みを可能にする工法である。

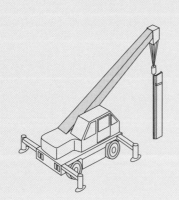

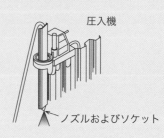

圧入機

ノズルおよびソケット

【設問2】

(1) 安全管理に関して、具体的な現場状況と特に留意した**技術的課題**

　　この工事は、○○川排水樋管の取付け水路工事で
あり、取付け水路掘削を行うために施工する山留工
である。

　　山留工の施工時期が出水期であることと、施工場
所が○○川の近距離にあること等から、地下水位の
設定と、ボイリングを防止することを安全管理の課題
とした。

[7行]

(2) 技術的課題を解決するために検討した項目と**検討理由および検討内容**

　　土質調査を施工時期と異なる冬場に行っているこ
とから、ボイリングを防止するために、以下の検討を
行った。

①河川 HWL5.4 m に対し調査結果地下水位が 1.1 m
であったため、施工時には河川水位の影響を受け
ると判断して、5.4 m を地下水位とした。

②砂地盤であることからボイリングのチェックを行
い、必要根入れ長を 5.5 m とした。

③ジェットで矢板を打ち込んだことから、空隙ができ
ていると予想し、ウェルポイントで地下水位を低下
させ、ボイリングを防止した。

[11行]

(3) 上記検討の結果、**現場で実施した対応処置とその評価**

　　ボイリングを防止するために、現場では以下の対
応処置を行った。

　　根入れ長 5.5 m はウォータージェットを併用し、
圧入工法で鋼矢板を打ち込んだ。地質は N 値 42 の
砂層であった。また、地下水位低下を目的として、ウェ
ルポイントを 1.5 m ピッチで 18 本打ち込んだ。これ
によって、掘削面に作用する水圧を軽減し、ボイリン
グが防止できた。

　　以上により、地山崩壊の発生がなく、安全に工事
を完成することができた。

[10行]

6章

No. 46	管理項目	工　種	技術的な課題
	安全管理	農業土木工事	ボイリングの防止

【設問 1】 あなたが経験した土木工事の内容

(1)工事名

工事名	○○○川排水機場改築○号工事

(2)工事の内容

① 発注者名	岡山県○○部○○課
② 工事場所	岡山県○○市○○地内
③ 工　期	平成○○年○○月○○日～平成○○年○○月○○日
④ 主な工種	仮設工
⑤ 施 工 量	ウェルポイント 72 本 鋼矢板Ⅲ型 265 枚、$L=7.0$ m

(3)工事現場における施工管理上のあなたの立場

立　場	現場責任者

[ウェルポイント工法]

ウェルポイントによる排水施設の配置例は、下図のようになる。

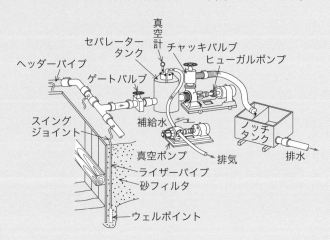

【設問2】

(1) 安全管理に関して、具体的な現場状況と特に留意した**技術的課題**

　　本工事は、横軸斜流ポンプφ1,000 mm を3台設
置する排水機場工事で、その下部工を建設するため
に行う仮設土留め工事である。

　　工事現場は、常時において地下水位が高く、均一
な粒径の砂地盤が基礎付近以下に分布していたこと
から、ボイリングによる山留め崩壊事故防止を課題と
した。　　　　　　　　　　　　　　　　　　　[7行]

(2) 技術的課題を解決するために検討した項目と**検討理由および検討内容**

　　ボイリングを防止し、安全に工事を行うために、以
下の対策を検討した。

　　オープン掘削の法肩に、1.5 m ピッチでウェルポイ
ントを打設した。ウェルポイントの深さは、掘削深さ
＋1.0 の 3.6 m として、地下水位を低下させること
とした。

　　掘削底面の湧水は、釜場を設置し、1箇所あたり
水中ポンプφ100 mm 1台を設置して排水すること
とした。釜場設置箇所の掘削法尻部には土のうを設置
し、湧水による崩壊防止対策も同時に行い、掘削工
事を行った。　　　　　　　　　　　　　　　[11行]

(3) 上記検討の結果、**現場で実施した対応処置とその評価**

　　現場では、上記の検討結果により以下の対応処置
を実施した。

　　3.6 m のウェルポイントを 1.5 m ピッチで 72 本を
打ち込み、地下水位を予定掘削底面以下まで低下さ
せて作業床をドライにし、掘削工事を行った。

　　掘削完了後はウェルポイントで常時排水を行い、
湧水は釜場で排水し、地下水圧によるボイリングを
防止して排水機場のコンクリート工事を行った。

　　以上のような仮設工の検討で安全に施工できたこ
とは、評価点であると考える。　　　　　　　[10行]

	管理項目	工　種	技術的な課題
No. 47	工程管理	河川工事	仮締切り工事の工期短縮

【設問1】　あなたが経験した土木工事の内容

(1)工事名

工事名	○○川中流河川改修工事

(2)工事の内容

① 発注者名	静岡県○○部○○課
② 工事場所	静岡県○○市○○地内
③ 工　期	平成○○年○○月○○日～平成○○年○○月○○日
④ 主な工種	河川仮締切り工
⑤ 施 工 量	大型土のう205袋

(3)工事現場における施工管理上のあなたの立場

立　場	現場責任者

［クレーン機能付きバックホウ］

　クレーン機能付き油圧ショベルには、クレーン作業を安全にするため、JCA規格に適合した過負荷制限装置をはじめ各種の安全装置が備えられている。

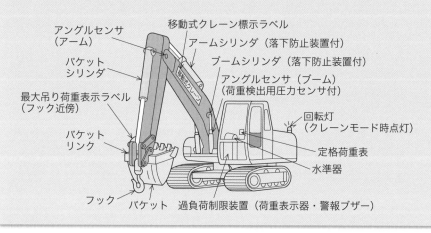

【設問 2】

(1) 工程管理に関して、具体的な現場状況と特に留意した**技術的課題**

　　この工事は、H5.6 m のブロック積み護岸を設置す
るための仮締切り工事である。
　　護岸を施工するにあたり、当初仮締切りを鋼矢板
Ⅱ型 5.5 m 圧入で施工することとなっていたが、発
注時期が遅れたために工期に余裕がなかった。よっ
て、仮締切りを設置するにあたり、工期短縮を課題
とした。　　　　　　　　　　　　　　　　　　[7行]

(2) 技術的課題を解決するために検討した項目と**検討理由および検討内容**

　　仮締切り工の工期を短縮するために、以下の検討
を行った。
　　施工期間の河川水深は、過去の水位調査結果から
平均 0.6 m であった。よって、鋼矢板による仮締切
り工から、大型土のうによる仮締切り工を選定した。
鋼矢板の施工日数は、33 枚 / 日より 12 日と予想して
いた。鋼矢板の仮締切り工を大型土のうにすることで、
25 t 吊りラフタークレーンの能力により 59 袋 / 日で
施工日数 6 日と、7 日の施工日数を短縮することが可
能となり、本体工事に余裕をもって工事を完了させる
ことができる。　　　　　　　　　　　　　　[11行]

(3) 上記検討の結果、**現場で実施した対応処置とその評価**

　　仮締切り工の工期を短縮するために、上記検討の
結果、以下を実施した。
　　25 t 吊りのラフタークレーンで、大型土のう（1 m³）
を使用して、全数量 205 袋を河川内の整地したストッ
クヤードに仮置きした。
　　クローラ型 2.9 t 吊りのクレーン機能付きのバック
ホウを河川内へ進入させ、仮置きした大型土のうを所
定の位置へ設置した。
　　以上により、仮締め切り工事を 5 日で終了させ、
工期を短縮することができた。　　　　　　　[10行]

No. 48	管理項目	工　種	技術的な課題
	安全管理	河川工事	大型土のうによる仮締切り工の安全確保

【設問1】　あなたが経験した土木工事の内容

(1)工事名

工事名	○○川中流河川改修工事

(2)工事の内容

① 発注者名	静岡県○○部○○課
② 工事場所	静岡県○○市○○地内
③ 工　　期	平成○○年○○月○○日～平成○○年○○月○○日
④ 主な工種	仮締切り工
⑤ 施　工　量	大型土のう設置 205 袋

(3)工事現場における施工管理上のあなたの立場

立　　場	現場主任

[大型土のう]

　大型土のうは、標準 1 m³ を袋の中に詰めて用いるもので、圧縮強度、耐衝撃性、摩擦特性などを向上させた耐候性大型土のう等がある。大型土のうによる仮締切り工は、下図のように行う。

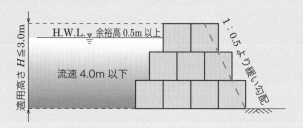

【設問2】

(1) 安全管理に関して、具体的な現場状況と特に留意した**技術的課題**

　　この工事は、H5.6 m のブロック積み護岸を設置するための仮締切り工事である。

　　護岸を施工するにあたり、仮締切り工を大型土のうで設置することとしたが、地盤が軟弱で宅地が近接しており、ラフタークレーンを乗り入れることは危険であった。よって、安全に締切り工を設置する安全管理を課題とした。

[7行]

(2) 技術的課題を解決するために検討した項目と**検討理由および検討内容**

　　宅地が近接している施工場所で、大型土のうを設置する方法の検討を行った。

　　大型土のうを直接設置する場所までラフタークレーンは近づくことができないため、宅地に影響がない場所でラフタークレーンを設置する。そこから、ラフタークレーンにより、河川内へ大型土のうを仮置きする。仮置きされた河川内の大型土のうは、クレーン機能付きのバックホウを選定し、河川内で大型土のうを吊って設置する。

　　以上の機種選定と設置方法により、仮締切りの施工を行うことを検討した。

[11行]

(3) 上記検討の結果、**現場で実施した対応処置とその評価**

　　宅地が近接した施工場所では、以下のような対応処置を実施した。

　　宅地に影響がない場所を調査してラフタークレーンの作業ヤードとした。そこからラフタークレーンにより河川内の仮置きヤードに大型土のうを小運搬し仮置きした。仮置きした大型土のうは、湿地場所で走行ができるクレーン機能付きバックホウを選定して、河川内で大型土のうを吊って運搬しながら設置した。

　　以上により、無事故で安全に、仮締切り工の施工を実施することができた。

[10行]

管理項目	工　種	技術的な課題
品質管理	農業土木工事	改良強度の品質管理

【設問 1】　あなたが経験した土木工事の内容

(1)工事名

工事名	○○池改修整備工事

(2)工事の内容

① 発注者名	群馬県○○部○○課
② 工事場所	群馬県○○市○○地内
③ 工　　期	平成○○年○○月○○日〜平成○○年○○月○○日
④ 主な工種	堤防基礎工
⑤ 施 工 量	基礎安定処理工 915 m^3

(3)工事現場における施工管理上のあなたの立場

立　場	現場責任者

[固化剤の品質および改良効果の確認]

　固化剤の品質および改良効果を確認するために行う品質管理試験は、施工後に所定材齢経過した改良地盤の改良効果を把握するために、一般には下表に示す検査項目と試験方法で行う。

検査項目	試験方法
支持力	平板載荷試験
一軸圧縮強さ	コア供試体による一軸圧縮強さ 　※コア採取方法：二重管式または三重管式サンプラー 　　　　　　　　　　コアマシン等
貫入抵抗	スウェーデン式サウンディング試験 ポータブルコーン貫入試験 中型動的貫入試験など

((社)セメント協会「セメント系固化材による地盤改良マニュアル　第3版」より)

【設問2】

(1) 品質管理に関して、具体的な現場状況と特に留意した**技術的課題**

　　本工事は、○○池改修に伴い、堤防基礎部を深度5.6 m、延長90 mで地盤安定処理工を施工するものである。

　　基礎地盤5.6 mを改良するにあたり、必要な設計基準強度は200 kN/m²であった。この強度を得るため、室内配合試験における最適なセメント添加量を設定することを品質管理の課題とした。

[7行]

(2) 技術的課題を解決するために検討した項目と**検討理由および検討内容**

　　改良強度とセメント添加量の品質管理について、以下のように検討した。

　　改良地盤に対し、3本の試験供試体を作成することとし、全ての供試体の目標とする試験値を設計基準の85%以上とした。また、3本の平均値を設計基準強度以上とした。

　　設計基準強度と室内目標強度は200 kN/m²である。これは、室内試験の目標強度×0.3～0.4の関係にある。したがって、572 kN/m²を室内試験の目標強度とし、最適な添加量を配合試験結果から求め、セメント添加量の品質管理を行った。

[11行]

(3) 上記検討の結果、**現場で実施した対応処置とその評価**

　　検討の結果、以下のことを実施した。

　　改良地盤の試験供試体は、100 m³ごとに1回実施し、3本採取した。試験供試体の品質管理の目標値を設計基準強度に対し85%以上、平均値100%以上とした。また、高炉セメントによる配合試験から、室内目標強度572 kN/m²に対し232 kgの添加量とし、現場で施工した。

　　以上を実施したその結果、改良強度を目標値に対して平均で105%確保でき、品質目標を達成できたことは評価できる点である。

[10行]

	管理項目	工　種	技術的な課題
No. 50	品質管理	農業土木工事	地盤改良強度の確保

【設問1】　あなたが経験した土木工事の内容

(1)工事名

工事名	○○池改修整備工事

(2)工事の内容

① 発注者名	群馬県○○部○○課
② 工事場所	群馬県○○市○○地内
③ 工　　期	平成○○年○○月○○日～平成○○年○○月○○日
④ 主な工種	堤防基礎工
⑤ 施 工 量	基礎安定処理工 915 m³

(3)工事現場における施工管理上のあなたの立場

立　　場	現場責任者

[供試体の作成手順]

　一般的な供試体の作成手順は、右図のようになる。

```
1）試料の含水比の調整
   ↓
2）セメント配合・混練り
   ↓
3）仮　置　き
   ↓
4）供試体作成
   ↓
5）養　　生
   ↓
一軸圧縮試験
```

【設問2】

(1) 品質管理に関して、具体的な現場状況と特に留意した**技術的課題**

　　本工事は、○○池改修に伴い、堤防基礎部を深度5.6 m、延長90 mで地盤安定処理工を施工するものである。

　　堤防基礎地盤の浅層混合改良をトレンチャー式撹拌工法で行うことから、現場で所定の目標とする強度が確実に得られるような改良強度の施工方法と品質管理計画を課題とした。

[7行]

(2) 技術的課題を解決するために検討した項目と**検討理由および検討内容**

　　トレンチャー式撹拌工法による改良強度の品質管理方法について、以下の検討をした。

　　基礎地盤の一部をトレンチャーで混合し、撹拌した。その後、流動化した状態の改良土へ、バックホウのバケットに装着したモールド試料採取器を建て込み、採取した試料を一軸圧縮試験で確認することとした。

　　試料採取モールドの建込みは、改良体に対し上部1.0 m、中部2.5 m、下部4.0 mの3箇所で採取するようにし、改良体の品質を確実に確認、評価し、施工することとした。

[11行]

(3) 上記検討の結果、**現場で実施した対応処置とその評価**

　　検討の結果、以下のことを実施した。

　　改良地盤に対し、モールド試料採取器で上部、中部、下部の3供試体を採取した。

　　3本の供試体の一軸圧縮強度が設計基準強度の85%以上であること、また、一軸圧縮強度の試験値の平均が設計基準強度以上となっていることを確認し、品質管理を実施した。

　　以上を実施することにより、トレンチャー式撹拌工法による安定処理地盤の品質を確保することができた。

[10行]

6章

No.
51

管理項目	工　種	技術的な課題
工程管理	下水道工事	地盤改良工の工程短縮

【設問 1】 あなたが経験した土木工事の内容

(1) 工事名

工事名	雨水○○号幹線管路工事

(2) 工事の内容

① 発注者名	兵庫県○○部○○課
② 工事場所	兵庫県○○市○○地内
③ 工　　期	平成○○年○○月○○日～平成○○年○○月○○日
④ 主な工種	地盤改良工（薬液注入）
⑤ 施 工 量	地盤改良（薬液注入）1,320 m³

(3) 工事現場における施工管理上のあなたの立場

立　　場	現場責任者

[ディープウェル工法]

　ディープウェル工法は、主に鋼管の井戸を地中深く設置し、井戸内に流入した地下水を水中ポンプで排水する「重力排水工法」である。

　他の排水工法には、ウェルポイント工法、釜場排水工法などがある。

【設問2】

(1) 工程管理に関して、具体的な現場状況と特に留意した**技術的課題**

　　私が経験した工事は、○○排水機場へ水害時の汚水を流入させる排水管路工事である。

　　地下水位が高いことから、ディープウェル工法で地下水位を低下させたが、予想よりも湧水が多く、当初見込んでいた 743 m³ の薬液注入による改良量が 1,320 m³ に増加した。よって、地盤改良の増加による工期内の完成対策を課題とした。

[7行]

(2) 技術的課題を解決するために検討した項目と**検討理由および検討内容**

　　仮設排水と薬液注入の施工量増加に対し、工期を短縮するために以下のことを検討した。

①薬液注入量の増加による工程の遅れを取り戻すために、注入管理の確認を随時工程会議で行うこととした。

②止水箇所の立入禁止処置を徹底し、薬液注入と止水工との連絡、合図、作業箇所の確認を無線で連絡が取れるようにした。

③ディープウェル付近の注入は、排水を停止する箇所を極力少なくする注入計画を行い、工程の短縮を図った。

[11行]

(3) 上記検討の結果、**現場で実施した対応処置とその評価**

　　現場では、以下のことを実施した。

　　地下水位低下は地盤改良を確実に実施した結果として、順調に掘削ができた。

　　掘削には 0.8 m³ 級のクラムシェルを使用した。このとき、バケット使用時はサイレンと無線で下部作業者へ降下および旋回の合図を行い、作業効率の向上に努めた。また、上部、下部には、それぞれ作業主任者を配置した。

　　以上の結果、無事故で工期内に工事を完了することができた。

[10行]

No. 52	管理項目	工　種	技術的な課題
	安全管理	農業土木工事	掘削時の安全管理

【設問1】　あなたが経験した土木工事の内容

(1)工事名

工事名	第○排水機場下部工事（○○地区○○機場）

(2)工事の内容

① 発注者名	愛媛県○○部○○課
② 工事場所	愛媛県○○市○○地内
③ 工　期	平成○○年○○月○○日～平成○○年○○月○○日
④ 主な工種	仮設工
⑤ 施工量	鋼矢板Ⅲ型 $L=11.5$ m、376枚 地盤改良量 $=135$ m^3

(3)工事現場における施工管理上のあなたの立場

立　場	現場責任者

[ヒービング]

　軟弱な粘性土地盤で掘削背面の土塊重量が掘削面下の地盤支持力より大きくなると、地盤内にすべり面が発生し、下図のように掘削底面に盛上りが生じる現象である。（ボイリングとの違いをよく理解しておくこと。）

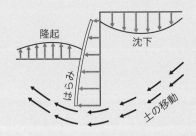

【設問2】

(1) 安全管理に関して、具体的な現場状況と特に留意した**技術的課題**

　　本工事は、排水ポンプ設備を設置する吸水槽を建設するための仮設土留め工事である。

　　掘削地盤は、主に軟弱な粘性土地盤で構成されており、掘削底面付近の粘性土地盤は $C=6\,\mathrm{kN/m^2}$、N値2の軟弱な地盤であった。このため、掘削底面のヒービングに対する安全を確保することを課題とした。 [7行]

(2) 技術的課題を解決するために検討した項目と**検討理由および検討内容**

　　掘削底面のヒービングに対する安全を確保するために、以下のことを検討した。

　　掘削幅9.5m、掘削深さ6.4m、粘着力 $6\,\mathrm{kN/m^2}$ の掘削地盤底面のヒービングに対する安全率は0.5であったので、安全率が1.5以上となるような掘削底面の粘着力 $16\,\mathrm{kN/m^2}$ を逆算し、それを得るために地盤改良を採用することとした。

　　改良強度は改良厚とで5ケースを試算し、最も経済的な最低改良厚となる改良強度を採用することにより、ヒービングに対する安全を確保することを検討した。 [11行]

(3) 上記検討の結果、**現場で実施した対応処置とその評価**

　　上記検討の結果、軟弱な粘性土地盤に対し、以下の対応を実施した。

　①掘削底面の粘性土地盤の改良品質は、改良強度は $250\,\mathrm{kN/m^2}$、最低改良厚は1.5mとした。

　②施工はDJM工法を採用した。地表から深度6.4mは改良剤を使用しないで空打ちし、掘削底面以下の厚さ1.5mの範囲はセメント系固化材を使用して地盤改良した。

　　以上を土留め矢板打設前に実施することにより、安全に掘削することができた。 [10行]

No. 53	管理項目	工　種	技術的な課題
	品質管理	河川工事	盛土材の品質管理

【設問1】 あなたが経験した土木工事の内容

(1)工事名

工事名	○○川築堤工事

(2)工事の内容

① 発注者名	埼玉県○○部○○課
② 工事場所	埼玉県○○市○○地内
③ 工　　期	平成○○年○○月○○日～平成○○年○○月○○日
④ 主な工種	河川土工（堤防築堤）
⑤ 施 工 量	掘削 19,000 m³、盛土 34,000 m³

(3)工事現場における施工管理上のあなたの立場

立　場	現場主任

［土の強熱減量試験］

　土を 700～800℃の高熱で加熱し、減少した質量から有機質量や水分量の目安を得るための試験方法である。

【設問2】

(1) 品質管理に関して、具体的な現場状況と特に留意した技術的課題

　　本工事は、○○川に排水する樋管の統廃合によっ
て、使用を終えた樋管を撤去し、既存堤防を計画断
面で築堤する工事である。

　　現況堤防断面に対し、計画堤防断面の体積比が約
1.5倍であり、堤防の盛土材料のほとんどを地区外か
ら求める必要があった。よって、盛土材の品質管理を
課題とした。 [7行]

(2) 技術的課題を解決するために検討した項目と検討理由および検討内容

　　盛土材料の品質を管理するために、以下のことを
検討した。

　　盛土材料は、発注者から、近傍で行っていた河床
浚渫土を提示された。浚渫した脱水処理土の強熱減
量は14%と高く、関東ロームの約2倍程度であった。
一般的に、水溶性の材料や有機物を含んだ土は、遮
水材料としては好ましいものではない。

　　したがって、脱水処理土と現地発生土を混合させ
て、強熱減量が堤体材料として実績のある関東ロー
ム程度となるようにすることにより、盛土の品質を確
保することとした。 [11行]

(3) 上記検討の結果、現場で実施した対応処置とその評価

　　盛土の品質を確保するために、現場では以下のこ
とを実施した。

　　樋管撤去に伴って発生した掘削土と脱水処理土を
川裏に用意したストックヤード（10 m×10 m）に搬
入し、バックホウで混合した。

　　関東ロームと同程度の、強熱減量が7%を目標値と
して品質管理の基準を定めて、攪拌混合した盛土材
料の強熱減量を、試験により求めて品質管理を行った。

　　以上により、目標とした盛土材品質を確保すること
ができた。 [10行]

	管理項目	工　種	技術的な課題
No. 54	工程管理	河川工事	盛土締固めの品質管理

【設問1】 あなたが経験した土木工事の内容

(1)工事名

工事名	総合治水対策特定河川工事

(2)工事の内容

① 発注者名	埼玉県○○部○○課
② 工事場所	埼玉県○○市○○地内
③ 工　　期	平成○○年○○月○○日～平成○○年○○月○○日
④ 主な工種	河川土工（堤防築堤）
⑤ 施 工 量	掘削 5,200 m^3 盛土 44,200 m^3

(3)工事現場における施工管理上のあなたの立場

立　場	現場責任者

[沈下板]

　盛土の際に、事前に現地盤の上に設置することで、盛土によって現地盤が沈下する量を測定する道具である。沈下板の上には鉄の棒が取り付けられ、これを盛土に従って上に伸ばし、棒の先端の高さを測定する。

【設問 2】

(1) 工程管理に関して、具体的な現場状況と特に留意した技術的課題

　　本工事は、○○○川のかごマット護岸による堤防
改修工事であり、7,100 m³ の盛土で計画堤防断面に
改修する工事である。

　　計画堤防断面は堤高 8.2 m、堤頂幅 5.0 m、堤防
延長 263 m である。

　　計画堤防の 44,200 m³ を盛土するにあたり、締固
めの品質を確保することを課題とした。

[7行]

(2) 技術的課題を解決するために検討した項目と検討理由および検討内容

　　計画堤防盛土 44,200 m³ の締固めの品質を確保す
るために、以下のことを検討した。

　　盛土には 15 t 級ブルドーザ用い、1 層の仕上りを
30 cm 以下となるように敷均しを行う。このとき、締
固め時に均一で安定したものになるように、沈下板に
30 cm の目盛を付けて設置し、まき出しの管理を行う
こととした。

　　締固めにはタイヤローラ 8 t を用い、入念に締め固
める。締固めの管理は RI 計測器を用い、1,000 m²
あたり 10 点の平均値が 90%以上となるよう管理し、
品質管理を行うこととした。

[11行]

(3) 上記検討の結果、現場で実施した対応処置とその評価

　　盛土の締固めの品質を確保するために、以下のこ
とを行った。

　　施工範囲を 1 管理単位 1,000 m² とし、全体を 10
ブロックに分割することによって締固め管理を実施し
た。

　　最大乾燥密度の規格値 90%に対し、平均値 94%
を目標とした。

　　以上により、測定値のばらつきが±2%になる締固
め効果を得ることができ、盛土の締固めの品質を確
保することができた。

[10行]

6章

<table>
<tr><td>No.
55</td><td>管理項目
品質管理</td><td>工　種
河川工事</td><td>技術的な課題
シルト質盛土の品質管理</td></tr>
</table>

【設問 1】　あなたが経験した土木工事の内容

(1)工事名

工事名	○○川築堤工事

(2)工事の内容

① 発注者名	埼玉県○○部○○課
② 工事場所	埼玉県○○市○○地内
③ 工　　期	平成○○年○○月○○日～平成○○年○○月○○日
④ 主な工種	河川土工（堤防築堤）
⑤ 施 工 量	掘削 19,000 m³、盛土 34,000 m³

(3)工事現場における施工管理上のあなたの立場

立　場	現場責任者

[側方流動]

　軟弱地盤の上に盛土をする場合に、地盤が水平方向に移動する現象である。これにより、建物が傾斜・倒壊するなどの被害が発生することがある。

【設問 2】

(1) 品質管理に関して、具体的な現場状況と特に留意した**技術的課題**

　　本工事は、○○川に排水する樋管の統廃合によっ
て、使用を終えた樋管を撤去し、既存堤防を計画断
面で築堤する工事である。

　　改修する堤防の基礎地盤は、深度 6.5 m 付近から
N 値 1 ～ 2 のシルト層が 3.8 m あり、この層で圧密
沈下が生じることがわかっていた。よって、計画断面
を確保する盛土の品質管理を課題とした。　　　　[7 行]

(2) 技術的課題を解決するために検討した項目と**検討理由および検討内容**

　　堤防の盛土、また盛土完成後の堤体の安定性を管
理するために、以下のことを検討した。

　　堤体の挙動に対して、以下のような定性的な傾向
とした。

①盛土面にヘアクラックが発生する。

②盛土中央部の沈下量が急激に増加する。

③盛土法尻付近の変位量が増加する。

④盛土の変形が進み、かつ間隙水圧が上昇し続ける。

　　これらを盛土面に設置した沈下板や盛土法尻に設
置した変位杭、間隙水圧測定で評価し、盛土の計画
断面確保の品質管理を行うこととした。　　　　[11 行]

(3) 上記検討の結果、**現場で実施した対応処置とその評価**

　　堤体盛土の計画断面を管理するために、以下のこ
とを行った。

　　沈下板は、堤頂法肩 2 箇所に設置した。

　　法尻には 5 m ピッチで 2 本の地表面変位杭を設置
し、側方流動が発生しているかどうかを杭の座標値
を観測し観察した。

　　堤頂には間隙水圧計を設置し、1 日 2 回の観測頻
度に合わせて盛土面のクラック発生状況を観測した。

　　以上により、側方流動もなく、盛土の計画断面を
確保できた。　　　　　　　　　　　　　　　[10 行]

No. 56	管理項目	工　種	技術的な課題
	品質管理	工事	盛土材料の品質管理計画

【設問1】 あなたが経験した土木工事の内容

(1)工事名

工事名	総合治水対策特定河川工事

(2)工事の内容

① 発注者名	埼玉県○○部○○課
② 工事場所	埼玉県○○市○○地内
③ 工　期	平成○○年○○月○○日～平成○○年○○月○○日
④ 主な工種	河川土工（堤防築堤）
⑤ 施 工 量	掘削 5,200 m³ 盛土 44,200 m³

(3)工事現場における施工管理上のあなたの立場

立　場	現場責任者

[ポータブルコーン貫入試験]

　粘性土などの軟弱地盤に人力で静的にコーンを貫入させることによって、コーン貫入抵抗を求めることを目的とする試験である。単管式と二重管式がある。

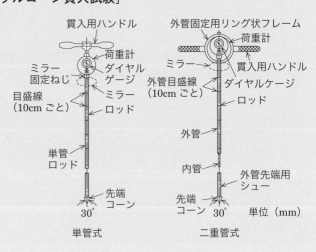

単管式　　　　　　二重管式

【設問2】

(1) 品質管理に関して、具体的な現場状況と特に留意した**技術的課題**

　　本工事は、○○○川のかごマット護岸による堤防

改修工事であり、現況の堤防に対し、計画堤防断面

にて施工するものである。

　　計画堤防断面で築堤することから、不足土となり、

築堤材料の多くは地区外から搬入する必要があった。

よって、盛土材料を管理し、締固めの品質を確保す

ることを課題とした。 [7行]

(2) 技術的課題を解決するために検討した項目と**検討理由および検討内容**

　　盛土に適した築堤材料を使用するために、以下の

ことを検討した。

　　搬入する築堤土は、特記仕様書において粘着力

$60\,\mathrm{kN/m^2}$ 以上、室内透水係数 $1\times10^{-6}\,\mathrm{cm/sec}$ と規

定されていた。

　　使用する予定の土を事前に採取し、室内透水試験

から $1\times10^{-6}\,\mathrm{cm/sec}$ 以上のものを搬入土とすること

とした。また、粘着力 $60\,\mathrm{kN/m^2}$ の確認は、ポータ

ブルコーン試験による粘着力とコーン支持力との関

係 $q_c=10c$ より必要な粘着力を確認し、盛土を施工

することとした。 [11行]

(3) 上記検討の結果、**現場で実施した対応処置とその評価**

　　現場において盛土材料の品質を確保し施工するた

めに、以下のことを行った。

　　搬入土は、コーン支持力 $600\,\mathrm{kN/m^2}$ 以上で、か

つ室内透水係数 $1\times10^{-6}\,\mathrm{cm/sec}$ 以上の管理値を設定

し、試験によって確認した。

　　近傍地区数か所で発生する残土に対し、上記管理

値を満たす材料であることを試験で確認して、盛土

材料として施工した。

　　以上の対応処置により、目標の品質を確保するこ

とができた。 [10行]

No. 57	管理項目	工　種	技術的な課題
	品質管理	河川工事	コンクリートの品質管理

【設問 1】 あなたが経験した土木工事の内容

(1) 工事名

工事名	○○川流域河川改修工事

(2) 工事の内容

① 発注者名	栃木県○○部○○課
② 工事場所	栃木県○○市○○地内
③ 工　期	平成○○年○○月○○日～平成○○年○○月○○日
④ 主な工種	
⑤ 施 工 量	

(3) 工事現場における施工管理上のあなたの立場

立　場	現場責任者

[乾燥収縮]

　コンクリートは、打設後に時間の経過に伴って表面が乾燥し、水分が逸散することで収縮する。

【設問2】

(1) 品質管理に関して、具体的な現場状況と特に留意した**技術的課題**

　　この工事は法面にプレキャスト法枠を設置して、内部に間詰めコンクリートを打設する河川護岸工事である。

　　前年度、同時期に施工した同形式の既設護岸には、間詰めコンクリートに線状のひび割れが発生していた。よって、間詰めコンクリートの品質管理を課題とした。 [7行]

(2) 技術的課題を解決するために検討した項目と**検討理由および検討内容**

　　上記の課題に対して、ひび割れの発生を防止し、間詰めコンクリートの品質管理を以下のように検討した。

　　ひび割れの発生原因は、施工時期が風の強い冬季に施工され、また、遮蔽物のない工事箇所において、コンクリート打設直後の初期養生中に発生したものと考えられた。その要因としては、風によりコンクリート表面が急速に乾燥してコンクリートの硬化作用が止まり、コンクリートが収縮したものと判断した。このことから、養生中の風対策、確実な養生によりコンクリートの品質を確保した。 [11行]

(3) 上記検討の結果、**現場で実施した対応処置とその評価**

　　上記検討の結果、以下のことを実施した。

　　ひび割れを防止するために、間詰めコンクリートを打設して水が引いた時期に、再度コテ仕上げを行った。

　　養生は、浸透型の表面養生材を散布して養生マットで覆い、5日間、特に風が当たらないように実施した。

　　以上を実施した結果、コンクリートにひび割れは見られず、所定の品質が確保できたことは評価点である。 [10行]

No. 58	管理項目	工 種	技術的な課題
	工程管理	鉄道工事	ロングレールの交換の工程管理

【設問1】 あなたが経験した土木工事の内容

(1)工事名

工事名	○○保線技術センター管内軌道修繕工事

(2)工事の内容

① 発注者名	○○旅客鉄道株式会社　○○支社　○○保線技術センター
② 工事場所	○○保線区○○線地内
③ 工　　期	平成○○年○○月○○日〜平成○○年○○月○○日
④ 主な工種	軌道敷設工
⑤ 施 工 量	$L=298.9\,\mathrm{m}$

(3)工事現場における施工管理上のあなたの立場

立　場	現場責任者

[線路閉鎖]

　列車の運転に支障を及ぼすおそれのある工事を行う場合に、その区間を信号機で停止にして列車を侵入させないようにすること。

【設問 2】

(1) 工程管理に関して、具体的な現場状況と特に留意した**技術的課題**

　　本工事は、$R=400$ m の急曲線区間（PC 枕木区間）で、頭部摩耗を理由とする外軌側レール $L=298.8$ m のロングレール交換工事である。

　　当該線区は客車の運行終了後も貨車が走行する線区で、線路閉鎖間合いが 2 時間弱と短い。よって、間合いが短い中で、仕上り基準を満足する施工方法を検討し、工程を満足させることが課題となった。

[7 行]

(2) 技術的課題を解決するために検討した項目と**検討理由および検討内容**

　　短い線路閉鎖間合いの中でのロングレール交換のため、以下の検討を行った。

　　ロングレール交換は、線路閉鎖着手後の実施となる。当該区間の線路閉鎖間合いは 2 時間弱であり、最終的なレールの現場溶接の作業時間確保のため、旧レールから新レールへの交換は 1 時間程度で実施する必要があり、レール交換作業の時間短縮が求められる。

　　時間短縮のため、締結装置の一部緩解を線路閉鎖前に実施することにより、作業量の軽減が図られ作業時間の短縮となる。

[11 行]

(3) 上記検討の結果、**現場で実施した対応処置とその評価**

　　上記検討の結果、現場では以下の対策を実施した。

　　客車の運行終了後、3 本に 1 本の割合で締結装置を緩解し、緩解後、通過する貨車に対し 45 km/h の徐行手配を行った。

　　線路閉鎖の着手前に約 170 箇所の締結装置の緩解を終了させる手順を実施したことで、仕上り確認を十分に行うことができた。

　　以上により、軌間、通りとも基準値内に収め、満足な工程管理を可能としたことは評価点であると考える。

[10 行]

No.59	管理項目	工　種	技術的な課題
	安全管理	道路工事	クレーンの転倒防止対策

【設問1】 あなたが経験した土木工事の内容

(1)工事名

工事名	○○駅西口のロータリー舗装工事

(2)工事の内容

① 発注者名	山口県○○市○○課
② 工事場所	山口県○○市○○地内
③ 工　　期	平成○○年○○月○○日～平成○○年○○月○○日
④ 主な工種	道路工、擁壁工
⑤ 施 工 量	アスファルト舗装工（$t=5$ cm）、1,600 m² プレキャスト擁壁工 $h=1.5～3.5$ m、$L=110$ m

(3)工事現場における施工管理上のあなたの立場

立　場	現場責任者

[地盤支持力]

　地盤支持力とは、地盤が支えることができる力の大きさのこと。地盤支持力は地盤のN値が大きいほど大きい。

【設問 2】

(1) 安全管理に関して、具体的な現場状況と特に留意した**技術的課題**

　　本業務は、○○駅西口のロータリーを整備する工事である。主な工事内容は、舗装工が 1,600 m² およびプレキャスト擁壁を $L=110$ m 設置するものであった。列車の線路側に擁壁を 50 m 施工する計画であったが、クレーン作業位置の地盤支持力不足が懸念され、クレーン転倒による鉄道列車事故の防止対策が技術的課題であった。

[7 行]

(2) 技術的課題を解決するために検討した項目と**検討理由および検討内容**

　　プレキャスト擁壁設置作業中のクレーンの転倒による列車事故を防止するために、以下の検討を行った。

　①地盤支持力を把握する試験方法 2 案を比較検討し、経済性、正確性、現場適合性の観点から平板載荷試験を採用し、支持力 250 kN/m² であることを把握した。

　②クレーン形式とプレキャスト擁壁の重量および作業半径のシミュレーションを実施し、アウトリガー 1 脚に掛かる最大反力値が 230 kN となる結果を得た。

[11 行]

(3) 上記検討の結果、**現場で実施した対応処置とその評価**

　　現場のバックホウを反力とし、クレーン設置計画箇所において平板載荷試験を 8 箇所実施した。その結果を基に、現場の地盤条件に適合した以下の対応処置を行った。

　　地盤上に砕石（$t=10$ cm）を敷設し、その上に敷鉄板（$L=1.2×1.2$ m、$t=22$ mm）を設置した。この結果、安全率 1.7 ～ 2.0 となる地耐力を確保し、安全に施工を行うことができた。

　　上記の結果、クレーンの転倒事故を防止して、無事故で工事が完了できたことは評価できる点である。

[10 行]

管理項目	工　種	技術的な課題
工程管理	道路工事	工期短縮

No. 60

【設問 1】 あなたが経験した土木工事の内容

(1) 工事名

工事名	第○工区道路舗装改良工事

(2) 工事の内容

① 発注者名	埼玉県○○部○○課
② 工事場所	埼玉県○○市○○地内
③ 工　期	平成○○年○○月○○日～平成○○年○○月○○日
④ 主な工種	舗装工
⑤ 施 工 量	○○線○工区 $L=590$ m

(3) 工事現場における施工管理上のあなたの立場

立　場	現場責任者

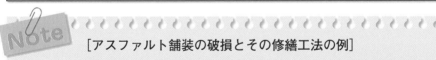

［アスファルト舗装の破損とその修繕工法の例］

舗装の種類	破損の種類	修繕工法の例
アスファルト舗装	ひび割れ	打換え工法、表層・基層打換え工法、切削オーバーレイ工法、オーバーレイ工法、路上再生路盤工法
	わだち掘れ	表層・基層打換え工法、切削オーバーレイ工法、オーバーレイ工法、路上再生路盤工法
	平坦性の低下	
	すべり抵抗値の低下	表層打換え工法、切削オーバーレイ工法、オーバーレイ工法、路上再生路盤工法

【設問2】

(1) 工程管理に関して、具体的な現場状況と特に留意した**技術的課題**

　　本工区、県道○○○線の○○地区は舗装の老朽化が進み、線状・亀甲状のクラックやたわみが多く発生していたことから、表層路盤 2,300 m² を打換え改修する工事である。

　　工事着工後の 6 月中旬から天候不順が続いたことから、作業不可能な日が増加した。よって、残工程の工期を確保し、工期内に完成させる対策が課題となった。　[7行]

(2) 技術的課題を解決するために検討した項目と**検討理由および検討内容**

　　舗装改修工事の工期を確保するために、以下のような検討を行った。

　　班編成の組替えを検討した。従来の班編成は、舗装の取壊し作業班 4 人/1 班であったが、8 人増員し 1 班 6 人編成の 2 班 12 人とし、残区間を 2 分割して同時施工とした。また、舗装班が撤去の進捗に合わせて 2 区間で既設路盤を掘削し、下層路盤 $t=$ 300 mm クラッシャーラン 40、上層路盤 $t=160$ mm 粒度調整砕石 30 を同時施工とした。

　　以上、撤去増班と、路盤施工を連続施工とすることで、計画した工程を確保した。　[11行]

(3) 上記検討の結果、**現場で実施した対応処置とその評価**

　　上記の検討結果により、現場において以下の対応処置を実施した。

　　舗装撤去を 2 班に増員し、終点側と 2/3 地点を各班同時施工とした。これによって、12 日間の工期を短縮することができた。

　　また、現況路盤に対して、掘削から路盤工、基層、表層の施工を連続で行うことにより、作業効率を上げることができた。

　　以上により、工期内に工事を完成させることができたことは評価点である。　[10行]

Memo

学科記述編

1章 学科記述の概要

学科記述編の構成

学科記述編として、出題管理項目ごとに、「2章　土工」、「3章　コンクリート」、「4章　品質管理」、「5章　安全管理」、「6章　施工計画・工程管理・環境管理」とし、各章ごとに下記の項目について整理した。

CHECK チェックコーナー（最近の出題傾向と対策）

最新10年間の出題問題の内容についてキーワード別および解答形式別に表に整理し、出題実績により3つ星ランク 出題ランク ☆☆ により傾向を表すとともに、重点的な対策としてまとめた。

【解答形式の説明】

解答形式	解答要領	注意事項
記述形式	設問内容に対して、指定された欄内に簡潔に記述する。	• 考えられる複数の解答から、指定された数を解答する。 • できるだけ代表的、一般的な事例などを記述する。
語句・数値記入	設問の文章の空欄に適切な語句や数値を記入する。	• 法規、技術指針、示方書などからの引用文章が多い。

【ランクの説明】

ランク	出題頻度	学習対策
☆☆☆	5問以上/10年	• 最重要項目として、完全に理解する必要性がある。
☆☆	3～4問/10年	• 重要項目として、一通りは理解する必要性がある。
☆	1～2問/10年	• 基本項目として、基礎学習はしておく必要性がある。

LESSON レッスンコーナー（重要ポイントの解説）

　傾向と対策に基づいて、第一次検定試験における重要な項目から特に第二次検定試験に必要なポイントとして、3つ星ランク順の項目について整理した。

　特に留意すべき点については、$\overset{P}{\text{oint}}$ **ワンポイントアドバイス** として補足説明をした。

CHALLENGE チャレンジコーナー（演習問題と解説・解答）

　近年の出題傾向を踏まえて、特に重要な過去問題を精選し、演習問題として掲載した。解説においては、重要な項目ごとに解答のヒントとなるように、キーワード、記述例などをわかりやすく整理した。

　「解答」における補足説明として **ワンポイント ✚ プラス** を追加した。

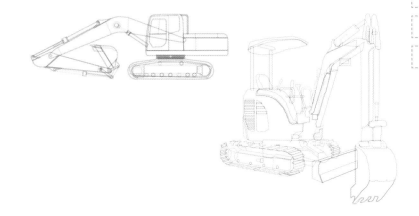

2章 土 工

チェックコーナー
(最近の出題傾向と対策)

選択問題（1）および選択問題（2）でそれぞれ1問ずつ出題される可能性が高い。必須問題として出題される可能性もある。

出題項目	出題実績（ランク）	解答形式	対　　　策
盛土の施工	☆☆ 4問/10年	語句2問 記述2問	• 盛土の施工品質について多く出題される。 • 盛土の施工、盛土材料および品質、締固め、排水について重点的に整理する。 • 補強土工法の種類と特徴に関する出題が多い。
軟弱地盤対策	☆☆ 4問/10年	語句1問 記述3問	• ほぼ毎年出題されており、土工の主要項目として整理しておく。 • 対策工法の種類と特徴および効果についての出題が多い。
法面（保護）工	☆ 2問/10年	語句0問 記述2問	• 隔年ごとに出題されており、切土、盛土別に整理しておく。 • 法面の施工は、土質による高さ別の勾配を整理しておく。 • 法面保護工の種類と特徴を理解しておく。
土留め壁 （土止め壁）	☆☆ 4問/10年	語句2問 記述2問	• 近年出題は少ないが、過去の実績は多いので注意しておく。 • 主要な土留工法の種類と特徴を理解する。 • 掘削地盤に生じる現象（ボイリング、ヒービング）を整理しておく。 • 機械式と重力式の排水処理工法を整理しておく。
構造物関連土工	☆ 2問/10年	語句1問 記述1問	• 近年出題は少ないが、重要項目として整理しておく。 • 構造物取付け部の盛土、埋戻しの留意点を整理しておく。
建設発生土	☆☆ 3問/10年	語句2問 記述1問	• ここ数年出題が多くなってきているので、整理しておく。 • 建設発生土の有効利用のための、土質改良工法に関する出題が多い。

レッスンコーナー
（重要ポイントの解説）

LESSON 1 盛土の施工

出題ランク ★★☆

（1）盛土工における留意点

項　　目	留　　　　意　　　　点		
敷均し	• 盛土種類別の締固めおよび敷均し厚さ（道路土工－盛土工指針）		
	盛土の種類	締固め厚さ（1層）	敷均し厚さ
	路体・堤体	30 cm 以下	35～45 cm 以下
	路　　床	20 cm 以下	25～30 cm 以下
締固め	• 盛土材料の含水比を最適含水比に近づける。 • 材料の性質により適当な締固め機械を選ぶ。 • 施工中の排水処理を十分に行う。		
盛土材料	• 締固めた後の圧縮性が小さいこと。 • 吸水による膨潤性が低いこと。 • 締固めの施工が容易であること。 • 雨水などの浸食に対して強いこと。		

（2）補強土工法の種類と特徴

種類	内　容　・　特　徴
多数アンカー式	• アンカー補強材の支圧抵抗による引抜き抵抗力で土留め効果を発揮させる。
帯鋼補強土壁 （テールアルメ）	• 帯状補強材の摩擦抵抗力による引抜き抵抗力で土留め効果を発揮させる。 • 最も古くに考案された工法で、実績が多い。
ジオテキスタイル	• ジオテキスタイルの摩擦抵抗による引抜き抵抗力で土留め効果を発揮させる。 • 小型機械での施工が容易で、工期の短縮が可能である。

LESSON 2 軟弱地盤対策 　出題ランク ★★☆

○ 軟弱地盤対策工法と特徴など（道路土工－軟弱地盤対策工指針）

区　　分	対 策 工 法	工法の概要と特徴	工法の効果
表層処理工法	敷設材工法 表層混合処理工法 表層排水工法 サンドマット工法	・基礎地盤の表面を石灰やセメントで処理する。 ・表層に排水溝を設けて改良する。 ・軟弱地盤処理工や盛土工の機械施工を容易にする。	せん断変形抑制 強度低下抑制 すべり抵抗付与
置換工法	掘削置換工法 強制置換工法	・軟弱層の一部または全部を除去し、良質材で置き換える。 ・置換えによりせん断抵抗が付与され、安全率が増加する。 ・沈下も置き換えた分だけ小さくなる。	すべり抵抗付与 全沈下量減少 せん断変形抑制 液状化防止
押え盛土工法	押え盛土工法 緩斜面工法	・盛土の側方に押え盛土をしたり、法面勾配を緩くする。 ・すべりに抵抗するモーメントを増加させて、盛土のすべり破壊を防止する。	すべり抵抗付与 側方流動抵抗付与 せん断変形抑制
盛土補強工法	盛土補強工	・盛土中に鋼製ネット、ジオテキスタイルなどを設置する。 ・地盤の側方流動およびすべり破壊を抑止する。	すべり抵抗付与 せん断変形抑制
載荷重工法	盛土荷重載荷工法 大気圧載荷工法 地下水低下工法	・盛土や構造物の計画されている地盤にあらかじめ荷重をかけて沈下を促進する。 ・改めて計画された構造物をつくり、構造物の沈下を軽減させる。	圧密沈下促進 強度増加促進
バーチカルドレーン工法	サンドドレーン工法 カードボードドレーン工法	・地盤中に適当な間隔で鉛直方向に砂柱などを設置する。 ・水平方向の圧密排水距離を短縮し、圧密沈下を促進し併せて強度増加を図る。	圧密沈下促進 せん断変形抑制 強度増加促進
サンドコンパクション工法	サンドコンパクションパイル工法	・地盤に締め固めた砂杭をつくり、軟弱層を締め固める。 ・砂杭の支持力によって安定を増し、沈下量を減じる。	全沈下量減少 すべり抵抗付与 液状化防止 圧密沈下促進 せん断変形抑制
振動締固め工法	バイブロフローテーション工法 ロッドコンパクション工法	・バイブロフローテーション工法は、棒状の振動機を入れ、振動と注水の効果で地盤を締め固める。 ・ロッドコンパクション工法は、棒状の振動体に上下振動を与え、締固めを行いながら引き抜く。	液状化防止 全沈下量減少 強度増加促進
固結工法	石灰パイル工法 深層混合処理工法 薬液注入工法	・吸水による脱水や化学的結合によって地盤を固結させる。 ・地盤の強度を上げることによって、安定を増すと同時に沈下を減少させる。	全沈下量減少 すべり抵抗付与

P → ワンポイントアドバイス

・工法効果のうち□□□□は主効果を表すもので重要である。
・工法区分ごとの工法種類、概要、効果の組合せを理解する。

LESSON3 法面（保護）工　　　　　出題ランク ★☆☆

（1）切土法面の施工

○ 切土材料に対する標準法面勾配（道路土工－盛土工指針）

地山の土質		切土高	勾　配	摘　要
硬　岩			1:0.3～1:0.8	
軟　岩			1:0.5～1:1.2	
砂	密実でない粒度分布の悪いもの		1:1.5～	h_a：a法面に対する切土高 h_b：b法面に対する切土高 （a）切土高と勾配
砂質土	密実なもの	5 m 以下	1:0.8～1:1.0	
		5～10 m	1:1.0～1:1.2	
	密実でないもの	5 m 以下	1:1.0～1:1.2	
		5～10 m	1:1.2～1:1.5	
	密実でないもの、または粒度分布の悪いもの	10 m 以下	1:1.0～1:1.2	
		10～15 m	1:1.2～1:1.5	
粘性土		10 m 以下	1:0.8～1:1.2	（b）地山状態と法面形状の例

（2）盛土法面の施工

○ 盛土材料に対する標準法面勾配（道路土工－盛土工指針）

地山の土質	切土高	勾　配	摘　要
粒度の良い砂（SW）、礫および細粒分混じり礫（GM）（GC）（GW）（GP）	5 m 以下	1:1.5～1:1.8	基礎地盤の支持力が十分にあり、浸水の影響のない盛土に適用する。（　）の統一分類は代表的なものを参考に示す。
	5～15 m	1:1.8～1:2.0	
粒度の悪い砂（SP）	10 m 以下	1:1.8～1:2.0	
岩塊（ずりを含む）	10 m 以下	1:1.5～1:1.8	
	10～20 m	1:1.8～1:2.0	
砂質土（SM）（SC）、硬い粘質土、硬い粘土（洪積層の硬い粘質土、粘土、関東ロームなど）	5 m 以下	1:1.5～1:1.8	
	5～10 m	1:1.8～1:2.0	

（3）法面保護工

○ 法面保護工の工種と目的（道路土工－盛土工指針）

分　類	工　種	目的・特徴
植生工	種子散布工、客土吹付工、張芝工、植生マット工	浸食防止、全面植生（緑化）
	植生筋工、筋芝工	盛土法面浸食防止、部分植生
	土のう工、植生穴工	不良土法面浸食防止
	樹木植栽工	環境保全、景観
構造物による保護工	モルタル・コンクリート吹付工、ブロック張工、プレキャスト枠工	風化、浸食防止
	コンクリート張工、吹付枠工、現場打コンクリート枠工、アンカー工	法面表層部崩落防止
	編柵工、じゃかご（蛇籠）工	法面表層部浸食、流失抑制
	落石防止網工	落石防止
	石積、ブロック積、ふとんかご工、井桁組擁壁、補強土工	土圧に対抗（抑止工）

Point→ ワンポイントアドバイス

- 植生工と構造物による保護工の分類ごとの工種、目的、特徴の組合せを理解する。

LESSON 4 土留め壁（土止め壁）　　出題ランク ★★☆

（1）土留工法の形式と特徴

形式	自立式	切ばり式
特徴	掘削側の地盤の抵抗により土留め壁を支持する。	切ばり、腹起しなどの支保工と掘削側の地盤の抵抗によって土留め壁を支持する。
図		

形式	アンカー式	控え杭タイロッド式
特徴	土留めアンカーと掘削側の地盤抵抗によって土留め壁を支持する。	控え杭と土留め壁をタイロッドでつなぎ、これと地盤の抵抗により土留め壁を支持する。
図		

(2) 根入れ長

土留め壁の根入れ長は、土圧、水圧による安定計算、許容鉛直支持力、ボイリング・ヒービング、土留め壁タイプによる最小根入れ長から定まるもののうち最も長い根入れ長とする。

Point ▶ ワンポイントアドバイス

・4種類の土留め壁の特徴および根入れ長の決定方法を理解する。

(3) ボイリング・ヒービング

土留工施工の土工事において、掘削の進行に伴い地盤状況により掘削底面の安定が損なわれる、下記のような破壊現象が発生する。

破壊現象	地盤の状態と現象
ボイリング	地下水位の高い砂質土地盤の掘削の場合、掘削面と背面側の水位差により、掘削面側の砂が噴き上がる状態となり、土留めの崩壊のおそれが生じる現象である。
ヒービング	掘削底面付近が軟弱な粘性土の場合、土留め背面土砂や上載荷重などにより、掘削底面の隆起、土留め壁のはらみ、周辺地盤の沈下により、土留めの崩壊のおそれが生じる現象である。

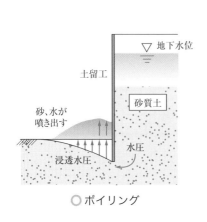

◯ ボイリング

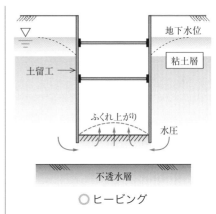

◯ ヒービング

 ワンポイントアドバイス
- ボイリングとヒービングの違いについて、地盤状況と現象の区分を整理する。

(4) 排水処理工法

排水処理工法は、地下水位を所定の深さまで低下させることにより、地下水位の高い地盤をドライの状態で掘削するためのもので、重力排水と強制排水の2種類がある。

区　分	排水処理工法	概要および特徴
重力排水工法	釜場排水工法 (砂質・シルト地盤)	構造物基礎の掘削底面に湧水や雨水を1か所に集めるための釜場を設置し、水中ポンプにより排水処理し、地下水位を低下させる。
	深井戸工法 (砂質地盤)	掘削底面以下まで井戸を掘り下げ、水中ポンプにより地下水を汲み上げ、地下水位を低下させる。
強制排水工法	ウェルポイント工法 (砂質地盤)	地盤中に有孔管(ウェルポイント)をジェット水により地中に挿入し、真空ポンプにより地下水を強制的に汲み上げ、地下水位を低下させる。
	真空深井戸工法 (シルト地盤)	深井戸工法と同様に井戸を掘り下げ、真空ポンプにより強制的に地下水を汲み上げ、地下水位を低下させる。

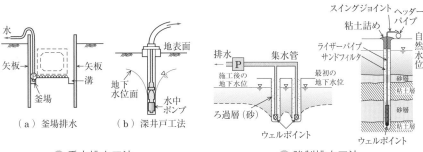

（a）釜場排水　（b）深井戸工法

◯ 重力排水工法　　　　◯ 強制排水工法

 ワンポイントアドバイス

・重力排水、強制排水ごとの工法の種類、特徴の組合せを理解する。

LESSON 5　構造物関連土工　　出題ランク ★☆☆

（1）構造物取付け部の盛土

◯ 盛土と構造物の接続部の沈下の原因と防止対策

沈下の原因	防止対策
・基礎地盤の沈下および盛土自体の圧密沈下 ・構造物背面の盛土による構造物の変位 ・裏込め部分の排水が不良になりやすい ・盛土材料の品質が悪くなりやすい ・締固めが不十分になりやすい	・裏込め材料として締固めが容易で、非圧縮性、透水性の良い安定した材料を選定する。 ・締固め不足とならないよう、大型締固め機械を用いた入念な施工を行う。 ・施工中の排水勾配の確保、地下排水溝の設置などの十分な排水対策を行う。 ・必要に応じ、構造物と盛土との接続部において踏掛版を設置する。

◯ 盛土における構造物の裏込め、切土における構造物の埋戻しの留意点

区　分	内　容
材　料	・構造物との間に段差が生じないように、圧縮性の小さい材料を用いる。 ・雨水などの浸透による土圧増加を防ぐために透水性の良い材料を用いる。 ・一般的に裏込めおよび埋戻しの材料には粒度分布の良い粗粒度を用いる。
構造・機械	・大型の締固め機械が使用できる構造が望ましい。 ・基礎掘削および切土部の埋戻しは、良質の裏込め材を中・小型の締固め機械で十分締め固める。 ・構造物壁面に沿って裏面排水工を設置し、集水したものを盛土外に排出する。

経験記述編

学科記述編

2章

169

区 分	内 容
施 工	• 裏込め、埋戻しの敷均しは仕上り厚さ 20 cm 以下とし、締固めは路床と同程度に行う。 • 裏込め材は、小型ブルドーザ、人力などにより平坦に敷き均し、ダンプトラックやブルドーザによる高まきは避ける。 • 締固めはできるだけ大型の締固め機械を使用し、構造物縁部および翼壁部などについても小型締固め機械により入念に締め固める。 • 雨水の流入を極力防止し、浸透水に対しては、地下排水溝を設けて処理する。 • 裏込め材料に構造物掘削土を使用できない場合は、掘削土が裏込め材料に混ざらないように注意する。 • 急速な盛土により、偏土圧を与えない。

 ワンポイントアドバイス

- 材料、機械、施工方法に区分して留意点を整理する。

LESSON 6 建設発生土 出題ランク ★★☆

（1）建設発生土の有効利用

建設発生土を有効に利用する場合の土質改良方法としては、下記の点が挙げられる。

土質改良方法	実施する際の留意事項
天日乾燥、脱水による含水比の低下	• ストックヤードにおいて、天日乾燥により含水比の低下を図る。 • 常に締固め試験などにより、盛土の品質管理を行いながら盛土材料に利用する。
固化材などによる安定処理	• 生石灰、セメント系固化材の添加により、土質改良を行う。 • 生石灰の発熱反応によるやけどなどの影響を防ぐために、養生期間を十分確保する。 • 作業中の粉塵被害防止のために、作業の際は風速、風向に注意し、粉塵の発生を極力抑えるようにして、作業者はマスク、防塵メガネを使用する。

チャレンジコーナー
（演習問題と解説・解答）

CHALLENGE 1 盛土の施工　　　　　　　　　　　出題ランク ★★☆

演習問題 1　盛土の施工に関する次の文章の [　　　　] の（イ）～（ホ）に当てはまる適切な語句または数値を解答欄に記述しなさい。

(1) 盛土の基礎地盤は、盛土の施工に先立って適切な処理を行わなければならない。特に、沢部や湧水の多い箇所での盛土の施工においては、適切な [　（イ）　] を行うものとする。

(2) 盛土に用いる材料は、敷均し・締固めが容易で締固め後の [　（ロ）　] が高く、圧縮性が小さく、雨水などの侵食に強いとともに、吸水による [　（ハ）　] が低いことが望ましい。粒度配合のよい礫質土や砂質土がこれにあたる。

(3) 敷均し厚さは、盛土材料の粒度や土質、締固め機械、施工方法などの条件に左右されるが、一般的に路体では1層の締固め後の仕上り厚さを [　（ニ）　] cm 以下とする。

(4) 原則として締固め時に規定される施工含水比が得られるように、敷均し時には [　（ホ）　] を行うものとする。[　（ホ）　] には、曝気と散水がある。

(H30-問題2)

解説　盛土の施工上の留意点に関しては、主に「道路土工−盛土工指針」に示されている。

解答

（イ）	（ロ）	（ハ）	（ニ）	（ホ）
排水処理	せん断強度	膨潤性	30	含水量の調節

軟弱地盤対策 　　　　　　　　　　出題ランク ★★☆

> **演習問題 2**　軟弱地盤対策として、下記の5つの工法の中から2つ選び、工法名、工法の概要および期待される効果をそれぞれ解答欄に記述しなさい。
>
> ・サンドマット工法
> ・サンドドレーン工法
> ・深層混合処理工法（機械攪拌工法）
> ・薬液注入工法
> ・掘削置換工法
>
> （R3-問題8）

解説　軟弱地盤対策に関しては、主に「道路土工－軟弱地盤対策工指針」等に示されている。

解答　下記のうちから2つを選んで記述する。

工法名	工法の概要	期待される効果
サンドマット工法	軟弱地盤表面に0.5〜1.2m程度の透水性の高い砂を敷設し、地下水の排除を行う。	・せん断変形抑制 ・すべり抵抗付与
サンドドレーン工法	地盤中に適当な間隔で鉛直方向に砂柱を設置し、軟弱地盤中の間隙水を排水する。	・圧密沈下促進 ・強度増加促進
深層混合処理工法（機械攪拌工法）	かなりの深さまでセメント、石灰などの安定材と原地盤の土を混合し、柱状または全面的に地盤改良する。	・すべり抵抗付与 ・全沈下量減少
薬液注入工法	地盤に薬液を注入することにより、地盤を固結させ、地盤の強度を上げることによって、安定を増すと同時に沈下を減少させる。	・すべり抵抗付与 ・全沈下量減少
掘削置換工法	軟弱層の一部または全部を掘削により除去し、良質土で置き換える。	・すべり抵抗付与 ・圧密沈下促進

演習問題 3　切土法面排水に関する次の（1）、（2）の項目について、それぞれ1つずつ解答欄に記述しなさい。

（1）切土法面排水の目的
（2）切土法面施工時における排水処理の留意点　　　　　　　（R2-問題7）

 切土法面の施工に関しては、主に「道路土工－盛土工指針」等に示されている。

 下記の項目のうちから、それぞれ1つずつ選んで記述する。

	切土法面排水の目的
（1）	・周辺地域から施工区域内への侵入による法面土砂の流出を防止する。 ・集中豪雨などの雨水の直撃や湧水による法面浸食や崩壊を防止する。 ・自然斜面からの雨水などによる流水が法面に流れ込まないようにする。 ・降水、融雪により地山からの流水による法面の洗掘を防止する。 ・周辺地域から浸透する地下水や地下水面の上昇による法面や構造物基礎の軟弱化を防止する。
	切土法面施工時における排水処理の留意点
（2）	・法肩に沿って排水溝を設け、掘削する区域内への水の侵入を防止する。 ・法肩排水溝、小段排水溝を設け、速やかに縦排水溝で法尻まで排水を行う。 ・切土面の凹凸や不陸を整形し、雨水などが停滞しないようにする。 ・法面内に地下水や湧水がある場合は、水平排水孔を設け法面外部へ排出する。 ・切土と盛土の境界部にはトレンチを設け、雨水などの盛土部への流入防止を図る。

演習問題 4　切土・盛土の法面保護工として実施する次の 4 つの工法の中から 2 つ選び、その工法の説明（概要）と施工上の留意点について、それぞれの解答欄に記述しなさい。

ただし、工法の説明（概要）および施工上の留意点の同一解答は不可とする。

・種子散布工
・張芝工
・プレキャスト枠工
・ブロック積擁壁工

(R1- 問題 7)

解説　切土・盛土の法面保護工に関しては、主に「道路土工－盛土工指針」等に示されている。

解答　下記のうちから 2 つを選んで記述する。

工法	工法の説明（概要）	施工上の留意点
種子散布工	種子、肥料、養生剤などを水と混合し、スラリー状にしてポンプの圧力により法面に吹き付ける。	・厚さ 1 cm 未満に均一な散布を行う。 ・一般に法面勾配 1：1.0 より緩勾配の法面で施工する。
張芝工	芝を人力にて法面全面に張り付ける。	・目土をかけ、芝を保護し活着を促す。 ・平滑に仕上げた法面に目串などで固定する。
プレキャスト枠工	コンクリート製、プラスチック製、鋼製のプレキャスト枠を法面上にアンカーで固定する。	・法枠は法尻から滑らないように積み上げる。 ・中詰め材の締固めを十分に行う。
ブロック積擁壁工	コンクリートブロックを裏込めコンクリート、裏込め材とともに積み上げ、法面を保護する。	・擁壁の直高は 5.0 m を原則とする。 ・擁壁背面の排水のために水抜き孔を設置する。

CHALLENGE **4** 土留め壁（土止め壁）

出題ランク ★★☆

演習問題5 　下図のような山留工法を用いて掘削を行った場合に地盤の状況に応じて発生する掘削底面の破壊現象名を2つあげ、それぞれの現象の内容または対策方法のいずれかを解答欄に記述しなさい。

(H26-問題2-設問2)

山留工概略図

解説　山留工法における掘削底面の破壊現象としては、主に「ボイリング」、「ヒービング」、「盤ぶくれ」がある。

解答　下記の破壊現象名と現象の内容または対策方法のいずれかについて、2つを選んで記述する。

破壊現象名		現象の内容と対策方法
ボイリング	現象	地下水位が高い砂質土地盤を掘削する場合、掘削面と背面側の水位差により、掘削面側の砂が湧きたつ状態となり、土留め壁が崩壊するおそれが生じる現象である。
	対策	・地下水位低下工法により、土留め壁背面の地下水位を低下させる。 ・土留め壁の根入れを長くし、浸透流を遮断する。
ヒービング	現象	掘削底面付近が軟らかい粘性土の場合、土留め背面の土や上載荷重により、掘削底面が隆起したり、土留め壁がはらんだり、周辺地盤の沈下により、土留め壁が崩壊するおそれが生じる現象である。
	対策	・土留め壁付近を地盤改良し、土のせん断強度を大きくする。 ・土留め壁背面側の地盤を掘削し、背面土圧を減少させる。

盤ぶくれ	現象	地下水位が高い箇所で地盤を掘削した場合、掘削底面より下の上向きの水圧をもった地下水により、掘削底面の不透水性地盤が隆起する現象である。
	対策	・土留め壁付近の地盤改良を行い、浸透流を遮断する。 ・地下水位低下工法により、土留め壁背面の地下水位を低下させる。

ワンポイント➕プラス

・「パイピング」も正解であるが、内容は「ボイリング」とほぼ同様である。
・現象の内容または対策方法については、どちらか1つを記述すればよい。

CHALLENGE 5 構造物関連土工　　　出題ランク ★☆☆

演習問題6　橋台、カルバートなどの構造物と盛土との接続部分では、不同沈下による段差が生じやすく、平坦性が損なわれることがある。その段差を生じさせないようにするための施工上の留意点に関する次の文章の￣￣￣の（イ）～（ホ）に当てはまる適切な語句を解答欄に記述しなさい。

(1) 橋台やカルバートなどの裏込め材料としては、非圧縮性で　(イ)　性があり、水の浸入による強度の低下が少ない安定した材料を用いる。

(2) 盛土を先行して施工する場合の裏込め部の施工は、底部が　(ロ)　になり面積が狭く、締固め作業が困難となり締固めが不十分となりやすいので、盛土材料を厚く敷き均しせず、小型の機械で入念に施工を行う。

(3) 構造物裏込め付近は、施工中や施工後において水が集まりやすいため、施工中の排水　(ハ)　を確保し、また構造物壁面に沿って裏込め排水工を設け、構造物の水抜き孔に接続するなどの十分な排水対策を講じる。

(4) 構造物が十分な強度を発揮した後でも裏込めやその付近の盛土は、構造物に偏土圧を加えないよう両側から　(ニ)　に薄層で施工する。

(5) 　(ホ)　は、盛土と橋台などの構造物との取付け部に設置し、その境界に生じる段差の影響を緩和するものである。　　　　　(H29-問題2)

解説　構造物と盛土との接続部分の施工上の留意点は、主に「道路土工－盛土工指針」において示されている。

解答

（イ）	（ロ）	（ハ）	（ニ）	（ホ）
透水	くさび形	勾配	均等	踏掛版

CHALLENGE 6　建設発生土　　　　　　　　　　　出題ランク ★★☆

> **演習問題 7**　　建設発生土の現場利用のための安定処理に関する次の文章の
> ☐☐☐☐☐ の（イ）〜（ホ）に当てはまる適切な語句を解答欄に記述しなさい。
>
> (1) 高含水比状態にある材料あるいは強度の不足するおそれのある材料を盛
> 土材料として利用する場合、一般に ☐（イ）☐ 乾燥等による脱水処理が行わ
> れる。
> 　　☐（イ）☐ 乾燥で含水比を低下させることが困難な場合は、できるだけ場
> 内で有効活用をするために固化材による安定処理が行われている。
> (2) セメントや石灰等の固化材による安定処理工法は、主に基礎地盤や
> ☐（ロ）☐、路盤の改良に利用されている。道路土工への利用範囲として主
> なものをあげると、強度の不足する ☐（ロ）☐ 材料として利用するための改
> 良や高含水比粘性土等の ☐（ハ）☐ の確保のための改良がある。
> (3) 安定処理の施工上の留意点として、石灰・石灰系固化材の場合、白色粉
> 末の石灰は作業中に粉塵が発生すると、作業者のみならず近隣にも影響を
> 与えるので、作業の際は、風速、風向に注意し、粉塵の発生を極力抑える
> ようにする。また、作業者はマスク、防塵 ☐（ニ）☐ を使用する。
> 　　石灰・石灰系固化材と土との反応はかなり緩慢なため、十分な ☐（ホ）☐
> 期間が必要である。
> 　　　　　　　　　　　　　　　　　　　　　　　　　　　　（R3- 問題 4）

解説　建設発生土の現場利用のための安定処理に関する留意点は、主に「発生土
利用基準」（国道交通省）他において示されている。

解答

（イ）	（ロ）	（ハ）	（ニ）	（ホ）
天日	路床	安定化	メガネ	養生

3章 コンクリート

チェックコーナー
(最近の出題傾向と対策)

　選択問題（1）および選択問題（2）でそれぞれ1問ずつ出題される可能性が高い。必須問題として出題される可能性もある。

出題項目	出題実績（ランク）	解答形式	対　　策
コンクリートの施工	☆☆☆ 12問/10年	語句7問 記述5問	• 毎年出題されており、重要項目として全て整理しておく。 • 運搬：練混ぜから打終わりまでの、気温と時間の関係を整理しておく。 • 打込み：気温、時間および高さ等に関する数値の出題が多い。 • 締固め：内部振動機の取扱いに関する出題が多い。 • 型枠工：型枠の取外し時期を整理しておく。 • 鉄筋：鉄筋の加工、継手の方法を整理しておく。 • 打継目：水平打継目、鉛直打継目の施工方法に関する出題が多い。 • 養生：気温によるセメントの種類別の養生期間を整理しておく。
コンクリートの品質	☆☆ 4問/10年	語句1問 記述3問	• 数年に一度の出題があり、品質規定を中心に理解しておく。（「4章　品質管理」と類似の出題が多い。） • 品質規定：強度、スランプ、空気量、塩化物含有量の品質規定を整理しておく。 • 劣化・ひび割れ：ひび割れの種類、原因および対策を整理しておく。 • コンクリート材料：セメント、骨材および混和材種類、特徴を整理しておく。
特殊コンクリート	☆☆ 4問/10問	語句0問 記述4問	• 隔年ごとに出題されており、主要項目として整理しておく。 • 暑中コンクリート：気温ごとの施工方法を整理しておく。 • 寒中コンクリート：気温ごとの施工方法を整理しておく。 • マスコンクリート：温度ひび割れ対策を整理しておく。

レッスンコーナー
（重要ポイントの解説）

LESSON 1　コンクリートの施工

出題ランク ★★★

　コンクリート（構造物）の施工における、各項目の留意点を下記に整理する（「コンクリート標準示方書」参照）。

（1）運搬

施工項目	留　　　　意　　　　点
練混ぜから打終わりまでの時間	• 一般の場合には、外気温25℃以下のときは2時間以内、25℃を超えるときは1.5時間以内を標準とする。
現場までの運搬	• 運搬距離が長い場合は、トラックミキサ、トラックアジテータを使用する。 • レディーミクストコンクリートは、練混ぜ開始から荷卸までの時間は1.5時間以内とする。
現場内での運搬	• コンクリートポンプの配管経路はできるだけ短く、曲がりの数を少なくし、圧送に先立ち先送りモルタルを圧送し、配管内面の潤滑性を確保する。 • バケットは材料分離の起こしにくいものとする。 • シュートは縦シュートの使用を標準とし、コンクリートが1か所に集まらないようにし、やむを得ず斜めシュートを用いる場合、傾きは水平2に対し鉛直1程度を標準とする。 • ベルトコンベアを使用する場合、終端にはバッフルプレートおよび漏斗管を設ける。 • 手押し車やトロッコを用いる場合の運搬距離は50〜100m以下とする。

現場内での運搬

（a）コンクリートポンプ車によるもの　（b）バケットによるもの　（c）シュートによるもの　（d）ベルトコンベアによるもの

(2) 打込み

施工項目	留　　意　　点
打込み	・準備段階では、鉄筋や型枠の配置を確認し、型枠内にたまった水は取り除く。 ・打込み作業において鉄筋の配置や型枠を乱さない。 ・打込み位置は、目的の位置に近いところにおろし、型枠内では横移動させない。 ・一区画内では完了するまで連続で打ち込み、ほぼ水平に打ち込む。 ・2層以上の打込みは、各層のコンクリートが一体となるように施工し、許容打重ね時間の間隔は、外気温25℃以下の場合は2.5時間、25℃を超える場合は2.0時間とする。 ・1層当たりの打込み高さは40〜50cm以下を標準とする。 ・吐出口から打込面までの落下高さは1.5m以下を標準とする。 ・打上がり速度は、30分当たり1.0〜1.5m以下を標準とする。 ・表面にブリーディング水がある場合は、これを取り除く。 ・打込み順序としては、壁または柱のコンクリートの沈下がほぼ終了してからスラブまたは梁（はり）のコンクリートを打ち込む。

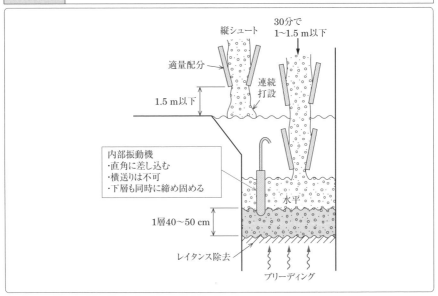

(3) 締固め

施工項目	留　　　意　　　点
締固め	・締固め方法は、原則として内部振動機を使用する。 ・内部振動機は、下層のコンクリート中に 10 cm 程度挿入し、間隔は 50 cm 以下とする。 ・1 か所当たりの振動時間は 5〜15 秒とし、引き抜くときは徐々に引き抜き、後に穴が残らないようにする。

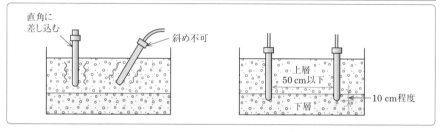

Point → ワンポイントアドバイス

・コンクリートの施工に関しては、運搬、打込み、締固めの項目ごとに整理しておく。

(4) 型枠工

施工項目	留　　　意　　　点
型枠工	・型枠を取り外してよい時期のコンクリートの圧縮強度は、下表のように規定されている。

部材面の種類	例	コンクリートの圧縮強度（N/mm²）
厚い部材の鉛直に近い面、傾いた上面、小さいアーチの外面	フーチングの側面	3.5
薄い部材の鉛直に近い面、45°より急な傾きの下面、小さいアーチの内面	柱、壁、梁の側面	5.0
スラブおよび梁、45°より緩い傾きの下面	スラブ、梁の底面、アーチの内面	14.0

・型枠（堰板）は、転用して使用が前提となり、一般に転用回数は、合板の場合5回程度、プラスチック型枠の場合20回程度、鋼製型枠の場合30回程度を目安とする。

(5) 鉄筋

項　目	留　　　意　　　点
継　手	• 継手位置はできるだけ応力の大きい断面を避け、同一断面に集めないことを標準とする。 • 重ね合せの長さは、鉄筋径の 20 倍以上とする。 • 重ね合せ継手は、直径 0.8 mm 以上の鉄なまし鉄線で数か所緊結する。 • 継手の種類としてはガス圧接継手、溶接継手、機械式継手がある。 • ガス圧接継手は、有資格者により行い、圧接面は面取りし、鉄筋径 1.4 倍以上のふくらみを要する。
加工・組立て	• 加工は常温で加工するのを原則とする。 • 鉄筋は、原則として、溶接してはならない。やむを得ず溶接し、溶接した鉄筋を曲げ加工する場合には、溶接した部分を避けて曲げ加工しなければならない。 • 曲げ加工した鉄筋の曲げ戻しは一般に行わない。 • 組立用鋼材は、鉄筋の位置を固定するとともに、組立てを容易にする点からも有効である。 • かぶりとは、鋼材（鉄筋）の表面からコンクリート表面までの最短距離で計測した厚さである。 • 型枠に接するスペーサは、モルタル製あるいはコンクリート製を使用する。

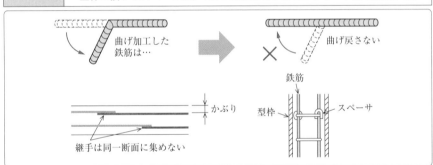

曲げ加工した鉄筋は…　　曲げ戻さない

かぶり

継手は同一断面に集めない

鉄筋

型枠　　スペーサ

⟶ ワンポイントアドバイス

• 継手の位置と種類を整理しておくこと。

• 鉄筋の加工、組立てに関しては、曲げ加工、スペーサが重要項目である。

(6) 打継目

項　目	留　　意　　点
打継目	• 打継目の位置は、せん断力の小さい位置に設け、打継面を部材の圧縮力の作用方向と直交させる。 • 温度応力、乾燥収縮などによるひび割れの発生について考慮する。 • 水密性を要するコンクリートは適切な間隔で打継目を設ける。
水平打継目	• 型枠に接する線は、できるだけ水平な直線となるようにする。 • コンクリートを打ち継ぐ場合、すでに打ち込まれたコンクリート表面のレイタンスなどを取り除き、十分に吸水させる。 • 型枠を確実に締め直し、既設コンクリートと打設コンクリートが密着するように強固に締め固める。
鉛直打継目	• 旧コンクリート面をワイヤブラシ、チッピングなどにより粗にして、セメントペースト、モルタル、エポキシ樹脂などを塗り、一体性を高める。

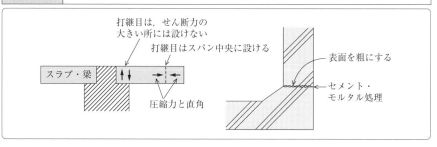

- **P**oint ➡ ワンポイントアドバイス
  - 水平打継目と鉛直打継目の違いを理解しておく。

（7）養生

施工項目	留　　　意　　　点
仕上げ	・コンクリートの表面はしみ出た水がなくなるか、または上面の水を取り除いてから仕上げる。 ・仕上げ作業後、コンクリートが固まり始めるまでに発生したひび割れは、タンピングまたは再仕上げよって修復する。
養　生	・表面を荒らさないで作業ができる程度に硬化したら、下表に示す養生期間を保たなければならない。

日平均気温	普通ポルトランドセメント	混合セメントB種	早強ポルトランドセメント
15℃以上	5日	7日	3日
10℃以上	7日	9日	4日
5℃以上	9日	12日	5日

・堰板（せき板）は、乾燥するおそれのあるときは、これに散水し湿潤状態にしなければならない（湿潤養生）。
・膜養生は、コンクリート表面の水光りが消えた直後に行い、散布が遅れるときは、膜養生剤を散布するまではコンクリートの表面を湿潤状態に保ち、膜養生剤を散布する場合には、鉄筋や打継目などに付着しないようにする必要がある。
・寒中コンクリートの場合、保温養生あるいは給熱養生が終わった後、温度の高いコンクリートを急に寒気にさらすと、コンクリートの表面にひび割れが生じるおそれがあるので、適当な方法で保護し表面が徐々に冷えるようにする。
・暑中コンクリートの場合、直射日光や風にさらされると急激に乾燥してひび割れを生じやすい。打込み後は速やかに養生する必要がある。

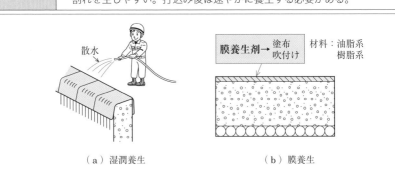

（a）湿潤養生　　　　　　　（b）膜養生

　出題ランク ★★☆

（1）レディーミクストコンクリートの品質規定

品質についての指定事項を下記に整理する。

項　目		内　容
レディーミクストコンクリートの種類		粗骨材最大寸法、目標スランプまたはスランプフロー、呼び強度で表す。
指定事項	生産者と協議	セメントの種類、骨材の種類、粗骨材最大寸法、アルカリシリカ反応抑制対策の方法。
	必要に応じて生産者と協議	材齢、水セメント比、単位水量の目標上限値、単位セメント量の上限値または下限値、空気量。

主な規定値の内容について、下記に整理する（「コンクリート標準示方書」参照）。

項　目	留　意　点			
圧縮強度	強度は材齢 28 日における標準養生強試体の試験値で表し、1 回の試験結果は、呼び強度の強度値の 85％以上で、かつ 3 回の試験結果の平均値は、呼び強度の強度値以上とする。			
空気量（単位：%）	コンクリートの種類	空気量	空気量の許容差	
	普通コンクリート	4.5	± 1.5	
	軽量コンクリート	5.0		
	舗装コンクリート	4.5		
スランプ（単位：cm）	スランプ	2.5	5 および 6.5	8～18 ／ 21
	スランプの誤差	± 1	± 1.5	± 2.5 ／ ± 1.5
塩化物含有量	塩化物イオン量として 0.30 kg/m^3 以下（承認を受けた場合は 0.60 kg/m^3 以下）とする。			
アルカリ骨材反応の防止・抑制対策	・アルカリシリカ反応性試験（化学法およびモルタルバー法）で無害と判定された骨材を使用して防止する。 ・コンクリート中のアルカリ総量を Na$_2$O 換算で 3.0 kg/m^3 以下に抑制する。 ・混合セメント（高炉セメント（B 種、C 種）、フライアッシュセメント（B 種、C 種））を使用して抑制する。			

Point ▶ ワンポイントアドバイス

・コンクリートの品質規定としては、圧縮強度、空気量、スランプ、塩化物含有量、アルカリ骨材反応について 5 点セットとして理解しておく。

（2）劣化・ひび割れ

コンクリート構造物の耐久性を阻害する主な劣化現象を下記に整理する。

劣化現象	劣化要因	劣化現象の概要
中性化	二酸化炭素	・大気中の二酸化炭素がコンクリート内に侵入し、セメント水和物と炭酸化反応を起こし pH を低下させる現象である。 ・中性化が鉄筋などの鋼材に到達すると、鋼材の腐食が促進され、コンクリートのひび割れやはく離、鋼材の断面減少を引き起こす。
塩害	塩化物イオン	・塩化物イオンによりコンクリート中の鋼材の腐食が促進され、コンクリートのひび割れやはく離、鋼材の断面減少を引き起こす。
凍害	凍結融解作用	・コンクリート中の水分が凍結融解を繰り返すことによって、コンクリート表面からスケーリング、微細ひび割れおよびポップアウトなどの形で劣化が増加する。
アルカリシリカ反応	反応性骨材	・骨材中に含まれる反応性シリカ鉱物や炭酸塩岩を有する骨材とコンクリート中のアルカリ成分が反応して、コンクリートの吸水膨張によりひび割れが発生する。

ひび割れの種類、原因および対策を下記のように整理する。

ひび割れの種類	原因	対策
温度ひび割れ	・施工時と硬化後における気温差によりコンクリートの収縮が生じる。	・打設時のコンクリート温度を低くする。 ・石灰石などの気温の影響の少ない骨材を使用する。
鉄筋の腐食によるひび割れ	・コンクリートの中性化が、鉄筋に到達したときに生じる。	・十分なかぶりを確保する。 ・水セメント比を 50% 以下とする。
アルカリ骨材反応によるひび割れ	・アルカリ骨材とコンクリート中のアルカリ成分が反応してシリカ分が吸水膨張する。	・アルカリシリカ反応で無害の骨材を使用する。 ・アルカリ総量を 3.0 kg/m^3 以下に抑制する。 ・混合セメント（B 種、C 種）を使用して抑制する。

 **ワンポイントアドバイス**
・劣化現象とひび割れの原因と対策は異なることに注意する。

(3) コンクリート材料

コンクリートの材料は、主に下記に分類される。

種　類	内　　容
セメント	・ポルトランドセメントは、普通・早強・超早強・中庸熱・低熱・耐硫酸塩ポルトランドセメントの6種類が規定されている。 ・混合セメントは、JISにおいて以下の4種類が規定されている。 ① 高炉セメント：A種・B種・C種の3種類 ② フライアッシュセメント：A種・B種・C種の3種類 ③ シリカセメント：A種・B種・C種の3種類 ④ エコセメント：普通エコセメント、速硬エコセメントの2種類
練混ぜ水	・一般に上水道水、河川水、湖沼水、地下水、工業用水（ただし、鋼材を腐食させる有害物質を含まない水）を使用し、海水は使用しない。
骨　材	・細骨材の種類としては、砕砂、高炉スラグ細骨材、フェロニッケルスラグ細骨材、銅スラグ細骨材、電気炉酸化スラグ細骨材、再生細骨材がある。 ・粗骨材の種類としては、砕石、高炉スラグ粗骨材、電気炉酸化スラグ粗骨材、再生粗骨材がある。 ・骨材の含水状態による呼び名は、「絶対乾燥状態」、「空気中乾燥状態」、「表面乾燥飽水状態」、「湿潤状態」の4つで表す。示方配合では、「表面乾燥飽水状態」を吸水率や表面水率を表すときの基準とする。
混和材料	・混和材は、コンクリートのワーカビリティーを改善し、単位水量を減らし、水和熱による温度上昇を小さくするもので、主な混和材としてフライアッシュ、シリカフューム、高炉スラグ微粉末などがある。 ・混和剤には、ワーカビリティー、凍霜害性を改善するものとしてAE剤、AE減水剤などがあり、単位水量および単位セメント量を減少させるものとしては、減水剤やAE減水剤など、そのほか高性能減水剤、流動化剤、硬化促進剤などがある。

（a）セメント　　（b）水　　（c）砂利，砂　　（d）混和材料

Point ➡ ワンポイントアドバイス
・コンクリート材料に関しては、セメントおよび混和材料が重要項目である。

LESSON 3 特殊コンクリート　　　　出題ランク ★★☆

　その他コンクリートとして、暑中コンクリート、寒中コンクリートがよく施工される。

項　　目	留　　　　意　　　　点
暑中コンクリート	・日平均気温が 25℃を超えることが予想されるときは、暑中コンクリートとして施工する。 ・打込みは、練混ぜ開始から打ち終わるまでの時間は 1.5 時間以内を原則とする。 ・打込み時のコンクリートの温度は 35℃以下とする。
寒中コンクリート	・日平均気温が 4℃以下になることが予想されるときは、寒中コンクリートとして施工する。 ・セメントはポルトランドセメントおよび混合セメント B 種を用いる。 ・配合は AE コンクリートとする。 ・打込み時のコンクリート温度は 5～20℃の範囲とする。 ・打込みは、練り混ぜ始めてから打ち終わるまでの時間はできるだけ短くする。
マスコンクリート	・低熱、中庸熱、フライアッシュ B 種などの発熱量の低いセメントを使用する。 ・単位セメント量を低減する。 ・水和反応を抑制するため、単位水量を小さくする。 ・氷や水、パイプクーリングにより冷却を行う。

 ワンポイントアドバイス

・寒中コンクリートおよび暑中コンクリートにおける、日平均気温、コンクリート温度、打設時間を整理しておく。

・日平均気温：25℃以上
・打込み時コンクリート温度：35℃以下

○暑中コンクリート

・日平均気温：4℃以下
・打込み時コンクリート温度：5～20℃

○寒中コンクリート

チャレンジコーナー
（演習問題と解説・解答）

CHALLENGE 1 コンクリートの施工

演習問題 1 　コンクリートの現場内運搬に関する次の文章の [　　　] の（イ）～（ホ）に当てはまる適切な語句を解答欄に記述しなさい。

(1) コンクリートポンプによる圧送に先立ち、使用するコンクリートの [　(イ)　] 以下の先送りモルタルを圧送しなければならない。

(2) コンクリートポンプによる圧送の場合、輸送管の管径が [　(ロ)　] ほど圧送負荷は小さくなるので、管径の [　(ロ)　] 輸送管の使用が望ましい。

(3) コンクリートポンプの機種および台数は、圧送負荷、[　(ハ)　]、単位時間当たりの打込み量、1日の総打込み量および施工場所の環境条件などを考慮して定める。

(4) 斜めシュートによってコンクリートを運搬する場合、コンクリートは [　(ニ)　] が起こりやすくなるため、縦シュートの使用が標準とされている。

(5) バケットによるコンクリートの運搬では、バケットの [　(ホ)　] とコンクリートの品質変化を考慮し、計画を立て、品質管理を行う必要がある。

(H29- 問題 3)

解説 　コンクリートの現場内運搬に関しては、主に「コンクリート標準示方書［施工編］」（施工標準 7 章　運搬・打込み・締固めおよび仕上げ）に示されている。

解答

（イ）	（ロ）	（ハ）	（ニ）	（ホ）
水セメント比	大きい	吐出量	材料分離	打込み速度

演習問題2 コンクリート構造物の施工に関する次の文章の _____ の（イ）～（ホ）に当てはまる適切な語句を解答欄に記述しなさい。

(1) 継目は設計図書に示されている所定の位置に設けなければならないが、施工条件から打継目を設ける場合は、打継目はできるだけせん断力の ___（イ）___ 位置に設けることを原則とする。

(2) ___（ロ）___ は鉄筋を適切な位置に保持し、所要のかぶりを確保するために、使用箇所に適した材質のものを、適切に配置することが重要である。

(3) 組み立てた鉄筋の一部が長時間大気にさらされる場合には、鉄筋の ___（ハ）___ 処理を行うか、シートなどによる保護を行う。

(4) コンクリート打込み時に型枠に作用するコンクリートの側圧は、一般に打上がり速度が速いほど、また、コンクリート温度が低いほど ___（ニ）___ なる。

(5) コンクリートの打込み後の一定期間は、十分な ___（ホ）___ 状態と適当な温度に保ち、かつ有害な作用の影響を受けないように養生をしなければならない。

(R1- 問題3)

解説 コンクリート構造物の施工に関しては、主に「コンクリート標準示方書［施工編］」（施工標準）に示されている。

解答

（イ）	（ロ）	（ハ）	（ニ）	（ホ）
小さい	スペーサ	防せい（防錆）	大きく	湿潤

演習問題3 コンクリートの施工に関する次の①〜④の記述のすべてについて、適切でない語句が文中に含まれている。①〜④のうちから2つ選び、番号、適切でない語句および適切な語句をそれぞれ解答欄に記述しなさい。

① コンクリート中にできた空隙や余剰水を少なくするための再振動を行う適切な時期は、締固めによって再び流動性が戻る状態の範囲でできるだけ早い時期がよい。

② 仕上げ作業後、コンクリートが固まり始めるまでの間に発生したひび割れは、棒状バイブレータと再仕上げによって修復しなければならない。

③　コンクリートを打ち継ぐ場合には、既に打ち込まれたコンクリートの表面のレイタンス等を完全に取り除き、コンクリート表面を粗にした後、十分に乾燥させなければならない。

④　型枠底面に設置するスペーサは、鉄筋の荷重を直接支える必要があるので、鉄製を使用する。　　　　　　　　　　　　　　　　　　　　　　（R3- 問題 9）

解説　コンクリートの施工に関しては、主に「コンクリート標準示方書［施工編］」等に示されている。

解答　下記のうちから 2 つを選んで記述する。

番号	適切でない語句	適切な語句
①	早い時期	遅い時期
②	棒状バイブレータ	タンピング
③	乾燥	吸水
④	鉄製	コンクリート製あるいはモルタル製

演習問題 4　コンクリートの養生に関する次の文章の　　　　　の（イ）～（ホ）に当てはまる適切な語句を解答欄に記述しなさい。

(1) 打込み後のコンクリートは、セメントの　（イ）　反応が阻害されないように表面からの乾燥を防止する必要がある。

(2) 打込み後のコンクリートは、その部位に応じた適切な養生方法により、一定期間は十分な　（ロ）　状態に保たなければならない。

(3) 養生期間は、セメントの種類や環境温度等に応じて適切に定めなければならない。日平均気温 15℃以上の場合、　（ハ）　を使用した際には、養生期間は 7 日を標準とする。

(4) 暑中コンクリートでは、特に気温が高く、また、湿度が低い場合には、表面が急激に乾燥し　（ニ）　が生じやすいので、　（ホ）　または覆い等による適切な処置を行い、表面の乾燥を抑えることが大切である。（R3- 問題 2）

解説　コンクリートの養生に関しては、主に「コンクリート標準示方書［施工編］」（施工標準 8 章　養生）他に示されている。

解答

（イ）	（ロ）	（ハ）	（ニ）	（ホ）
水和	湿潤	混合セメントB種	ひび割れ	散水

CHALLENGE 2 コンクリートの品質　　　　　　　　出題ランク ★★☆

演習問題5　　コンクリートの混和材料に関する次の文章の [　　　] の（イ）～（ホ）に当てはまる適切な語句を解答欄に記述しなさい。

(1) [　（イ）　] は、水和熱による温度上昇の低減、長期材齢における強度増進など、優れた効果が期待でき、一般にはⅡ種が用いられることが多い混和材である。

(2) 膨張材は、乾燥収縮や硬化収縮に起因する [　（ロ）　] の発生を低減できることなど優れた効果が得られる。

(3) [　（ハ）　] 微粉末は、硫酸、硫酸塩や海水に対する化学抵抗性の改善、アルカリシリカ反応の抑制、高強度を得ることができる混和材である。

(4) 流動化剤は、主として運搬時間が長い場合に、流動化後の [　（ニ）　] ロスを低減させる混和剤である。

(5) 高性能 [　（ホ）　] は、ワーカビリティーや圧送性の改善、単位水量の低減、耐凍害性の向上、水密性の改善など、多くの効果が期待でき、標準形と遅延形の2種類に分けられる混和剤である。

（R2- 問題3）

解説　　コンクリートの混和材料に関しては、主に「コンクリート標準示方書［施工編］」（施工標準3章　材料）に示されている。

解答

（イ）	（ロ）	（ハ）	（ニ）	（ホ）
フライアッシュ	ひび割れ	高炉スラグ	スランプ	AE減水剤

演習問題 6 コンクリート構造物の劣化原因である次の 3 つの中から 2 つ選び、施工時における劣化防止対策について、それぞれ 1 つずつ解答欄に記述しなさい。

・塩害
・凍害
・アルカリシリカ反応

(R1- 問題 9)

解答 下記の原因から 2 つを選んで、それぞれ対策を 1 つずつ記述する。

劣化原因	施工時における劣化防止対策
塩害	・水セメント比を小さくする。 ・コンクリート中の塩化物含有量を 0.3 kg/m³ 以下とする。 ・高炉セメント B 種などの混合セメントを使用する。 ・鉄筋のかぶり厚さを大きくする。
凍害	・AE 剤、AE 減水剤を使用する。 ・水セメント比を小さくする。 ・骨材は、吸水率の小さいものを使用する。
アルカリシリカ反応	・コンクリート中のアルカリ総量を 3.0 kg/m³ 以下とする。 ・高炉セメント B 種、もしくは高炉セメント C 種を使用する。 ・無害と判定された骨材を使用する。

CHALLENGE 3 特殊コンクリート

出題ランク ★★☆

3章

演習問題 7 暑中コンクリートの施工に関する下記の (1)、(2) の項目について配慮すべき事項をそれぞれ解答欄に記述しなさい。

(1) 暑中コンクリートの打込みについて配慮すべき事項
(2) 暑中コンクリートの養生について配慮すべき事項

(H29- 問題 8)

解説 暑中コンクリートの施工に関しては、主に「コンクリート標準示方書 [施工編]」(施工標準 13 章 暑中コンクリート)に示されている。

解答 下記の各項目について、それぞれ記述する。

（1）暑中コンクリートの打込みについて配慮すべき事項

　　・打込み時のコンクリートの温度は、35℃以下とする。

　　・練混ぜ開始から打ち終わるまでの時間は、1.5時間以内とする。

　　・コンクリート打込み前には、地盤や型枠などは散水や覆い等により湿潤状態に保つ。

　　・直射日光により型枠、鉄筋が高温にならないように散水や覆い等により防止する。

（2）暑中コンクリートの養生について配慮すべき事項

　　・打込み終了後、速やかに養生を開始し、コンクリート表面を乾燥から保護する。

　　・養生期間中は露出面を湿潤状態に保つ。

　　・膜養生の実施により水分の逸散を防止する。

　　・散水、覆い等により表面の乾燥を抑える。

演習問題 8　日平均気温が4℃以下になることが予想されるときの寒中コンクリートの施工に関する、下記の（1）、（2）の項目について、それぞれ1つずつ解答欄に記述しなさい。

　（1）初期凍害を防止するための施工上の留意点
　（2）給熱養生の留意点　　　　　　　　　　　　　　　　　　　（H28-問題8）

解説　寒中コンクリートの施工に関しては、主に「コンクリート標準示方書［施工編］」（施工標準 12 章　寒中コンクリート）に示されている。

解答　下記の各項目について、それぞれ1つずつ選んで記述する。

（1）初期凍害を防止するための施工上の留意点

　　・セメントはポルトランドセメントおよび混合セメントB種を用いることを標準とし、配合についてはAEコンクリートを原則とする。

　　・打込みは、練り混ぜ始めてから打ち終わるまでの時間はできるだけ短くし、温度低下を防ぐ。

　　・打込み時のコンクリート温度は、5〜20℃の範囲を保つ。

（2）給熱養生の留意点

　　・供給した熱が放散しないように、シート等による保温養生と組み合わせる。

　　・初期凍害を防止できる強度が確保できるまでは5℃以上を保ち、さらに2日間

は 0℃以上を保つ。

・コンクリートの温度を適切に保持し、充分な湿分を与え、コンクリートの乾燥を防止する。

・コンクリートの表面温度は、20℃を超えないような養生を保つ。

演習問題 9 コンクリート打込み後に発生する、次のひび割れの発生原因と施工現場における防止対策をそれぞれ 1 つずつ解答欄に記述しなさい。
ただし、材料に関するものは除く。

(1) 初期段階に発生する沈みひび割れ
(2) マスコンクリートの温度ひび割れ　　　　　　　　　　　(R2- 問題 8)

解説 コンクリートのひび割れに関しては、主に「コンクリート標準示方書［施工編］」、「コンクリート標準示方書［設計編］」等に示されている。

解答 下記の各項目について、それぞれ 1 つずつ選んで記述する。

(1) 初期段階に発生する沈みひび割れ
　【ひび割れの発生要因】
　・壁と柱や梁（はり）とスラブ等を同時に打設した際に、沈下速度の違いによりひび割れが発生する。
　・コンクリート打設速度が早いと、骨材やセメントが沈降する際に鉄筋やセパレータに沈降を拘束され、ひび割れが発生する。
　【施工現場における防止対策】
　・材料分離性の高いコンクリートを使用する。
　・ブリーディング水が少なく、単位水量の少ないコンクリートを使用する。
　・壁や柱などを連続して打ち込む場合は、打上がり速度を遅めにする。
(2) マスコンクリートの温度ひび割れ
　【ひび割れの発生要因】
　・水和熱による内部温度の上昇段階で、コンクリート表面と内部の温度差から引張り力が生じてひび割れが発生する。
　・コンクリート全体の温度が降下するとき、部材が外部から拘束を受け、冷却時に引張り力が発生してひび割れが発生する。

【施工現場における防止対策】

・打込み区画を小さくし、温度上昇を抑制する。

・直射日光を受けて高温になるおそれのある部分は、散水や覆い等により、冷却を行う。

・パイプクーリングによりコンクリート温度の低下を図る。

・ひび割れ誘発目地を設置し、あらかじめ定められた位置にひび割れを集中させる。

4章 品質管理

チェックコーナー
（最近の出題傾向と対策）

必須問題、選択問題（1）、選択問題（2）のいずれでも出題される可能性がある。

出題項目	出題実績 （ランク）	解答 形式	対　　　　策
土工の品質管理	☆☆☆ 9問/10年	語句4問 記述5問	• 品質管理の主要項目として毎年出題されており、「2章　土工」と併せて整理しておく。 • 盛土の品質管理方式は、品質規定方式と工法規定方式の内容について整理しておく。 • 盛土施工の品質管理は、盛土の締固め管理について整理しておく。
コンクリートの 品質管理	☆☆☆ 10問/10年	語句5問 記述5問	• 品質管理の主要項目として毎年出題されており、「3章　コンクリート」と併せて整理しておく。 • レディーミクストコンクリートの品質規定は、コンクリートの品質規定として、圧縮強度、空気量、スランプ、塩化物含有量、アルカリ骨材反応について5点セットとして理解しておく。 • コンクリート構造物の非破壊検査は、検査項目、測定内容、検査方法について整理しておく。

4章

レッスンコーナー
（重要ポイントの解説）

LESSON 1　土工の品質管理　　　　　　　　　　　出題ランク ★★★

（1）盛土の品質規定方式

土工（主として盛土）の品質管理方法について、下記に整理する。

品質管理方法		内　容
品質規定方式	基準試験の最大乾燥密度、最適含水比を利用する方法	現場で締め固めた土の乾燥密度と基準の締固め試験の最大乾燥密度との比を締固め度と呼び、この値を規定する方法である。
	空気間隙率または飽和度を施工含水比で規定する方法	締め固めた土が安定な状態である条件として、空気間隙率または飽和度が一定の範囲内にあるように規定する方法である。
	締め固めた土の強度あるいは変形特性を規定する方法	締め固めた盛土の強度あるいは変形特性を貫入抵抗、現場CBR、支持力、プルーフローリングによるたわみの値によって規定する方法である。
工法規定方式		使用する締め固め機械の種類、締固め回数などの工法を規定する方法である。あらかじめ現場締固め試験を行って、盛土の締固め状況を調べる必要がある。

Point → ワンポイントアドバイス
- 品質規定方式と工法規定方式の違いを理解しておく。

（2）盛土施工の品質管理

2章「土工　Lesson 1　（1）」（163ページ）参照

LESSON 2 コンクリートの品質管理　　　出題ランク ★★★

（1）レディーミクストコンクリートの品質規定

3章「コンクリート　Lesson 2　（1）」（185 ページ）参照

（2）コンクリート構造物の非破壊検査

　コンクリート構造物を破壊せずに、健全度、劣化状況を調査し、規格などによる基準に従って合否を判定する方法であり、下表のような検査がある。

検査項目	測　定　内　容	検　査　方　法
外観	劣化状況、異常箇所	目視検査、デジタルカメラ、赤外線
変形	全体変形、局部変形	メジャー、トランシット、レーザ
強度	コンクリート強度、弾性係数	コア試験、テストハンマ
ひび割れ	分布、幅、深さ	デジタルカメラ、赤外線、超音波
背面	コンクリート厚、背面空洞	電磁波レーダ、打音
有害物質	中性化、塩化物イオン、アルカリ骨材反応	コア試験、試料分析
鉄筋	かぶり、鉄筋間隔	電磁波レーダ、X 線

チャレンジコーナー
（演習問題と解説・解答）

CHALLENGE 1 土工の品質管理　　　　　　　　　　　　　　　出題ランク ★★★

演習問題 1　盛土の締固め管理方式における2つの規定方式に関して、それ
ぞれの<u>規定方式名と締固め管理の方法</u>について解答欄に記述しなさい。

(R2- 問題9)

 解 説　盛土の品質規定方式・工法規定方式に関しては、主に「道路土工－盛土工
指針」等に示されている。

解 答　下記の各規定方式について、それぞれ1つずつ記述する。

規定方式名	締固め管理の方法
品質規定方式	・基準試験の最大乾燥密度、最適含水比を利用する方法 ・空気間隙率または飽和度を施工含水比で規定する方法 ・締め固めた土の強度あるいは変形特性を規定する方法
工法規定方式	・使用する締固め機械の種類、締固め回数などの工法を規定する方法 ・トータルステーションや GNSS を用いて計測し、盛土地盤の転圧回数 　と走行軌跡を管理する方法

演習問題 2　盛土の締固め管理に関する次の文章の[＿＿＿＿]の（イ）～（ホ）
に当てはまる<u>適切な語句</u>を解答欄に記述しなさい。

(1) 品質規定方式による締固め管理は、発注者が品質の規定を[（イ）]に明
　示し、締固めの方法については原則として[（ロ）]に委ねる方式である。
(2) 品質規定方式による締固め管理は、盛土に必要な品質を満足するように、
　施工部位・材料に応じて管理項目・[（ハ）]・頻度を適切に設定し、これ
　らを日常的に管理する。
(3) 工法規定方式による締固め管理は、使用する締固め機械の機種、[（ニ）]、
　締固め回数などの工法そのものを[（イ）]に規定する方式である。
(4) 工法規定方式による締固め管理には、トータルステーションや GNSS（衛
　星測位システム）を用いて締固め機械の[（ホ）]をリアルタイムに計測す
　ることにより、盛土地盤の転圧回数を管理する方式がある。　　(H29- 問題4)

解説 盛土の締固め管理に関する留意点は、主に「道路土工－盛土工指針」において示されている。

解答

（イ）	（ロ）	（ハ）	（ニ）	（ホ）
仕様書	施工者	管理基準値	締固め厚さ	走行軌跡

CHALLENGE 2 コンクリートの品質管理

出題ランク ★★★

演習問題 3 レディーミクストコンクリート（JIS A 5308）の工場選定、品質の指定、品質管理項目に関する次の文章の □ の（イ）～（ホ）に当てはまる適切な語句を解答欄に記述しなさい。

(1) レディーミクストコンクリート工場の選定にあたっては、定める時間の限度内にコンクリートの □（イ）□ および荷卸し、打込みが可能な工場を選定しなければならない。

(2) レディーミクストコンクリートの種類を選定するにあたっては、□（ロ）□ の最大寸法、□（ハ）□ 強度、荷卸し時の目標スランプまたは目標スランプフローおよびセメントの種類をもとに選定しなければならない。

(3) □（ニ）□ の変動はコンクリートの強度や耐凍害性に大きな影響を及ぼすので、受入れ時に試験によって許容範囲内にあることを確認する必要がある。

(4) フレッシュコンクリート中の □（ホ）□ の試験方法としては、加熱乾燥法、エアメータ法、静電容量法等がある。 (R3-問題5)

解説 レディーミクストコンクリート（JIS A 5308）の工場選定、品質の指定、品質管理項目に関しては、主に「コンクリート標準示方書」他に示されている。

解答

（イ）	（ロ）	（ハ）	（ニ）	（ホ）
運搬	粗骨材	呼び	空気量	単位水量

演習問題 4　鉄筋コンクリート構造物における「鉄筋の加工および組立ての検査」「鉄筋の継手の検査」に関する品質管理項目とその判定基準を 5 つ解答欄に記述しなさい。

(H29- 問題 9)

解説　「鉄筋の加工および組立ての検査」および「鉄筋の継手の検査」に関する品質管理項目と判定基準については、主に「コンクリート標準示方書［施工編］」（検査標準 7 章　施工の検査）に示されている。

　下記の項目から 5 つ選んで記述する。

検査	品質管理項目	判定基準
鉄筋の加工および組立ての検査	鉄筋の加工寸法	所定の許容誤差以内であること
	継手および定着の位置・長さ	設計図書通りであること
	かぶり	耐久性照査で設定したかぶり以上であること
	有効高さ	設計寸法の ± 3％または ± 30 mm のうち小さいほうの値
	中心間隔	± 20 mm
鉄筋の継手の検査	重ね継手位置	軸方向にずらす距離は、鉄筋径の 25 倍以上とする。
	重ね継手長さ	鉄筋径の 20 倍以上重ね合わせる。
	ガス圧接継手・ふくらみの直径	鉄筋径の 1.4 倍以上とする。
	ガス圧接継手・圧接面のずれ	鉄筋径の 1/4 以下とする。
	突合せアーク溶接継手外観	偏心は直径の 1/10 以内かつ 3 mm 以内とする。

演習問題 5 コンクリート構造物の品質管理の一環として用いられる非破壊検査に関する次の文章の ⬚ の（イ）～（ホ）に当てはまる<u>適切な語句</u>を解答欄に記述しなさい。

(1) 反発度法は、コンクリート表層の反発度を測定した結果からコンクリート強度を推定できる方法で、コンクリート表層の反発度は、コンクリートの強度のほかに、コンクリートの ⬚（イ）⬚ 状態や中性化などの影響を受ける。

(2) 打音法は、コンクリート表面をハンマなどにより打撃した際の打撃音をセンサで受信し、コンクリート表層部の ⬚（ロ）⬚ や空隙箇所などを把握する方法である。

(3) 電磁波レーダ法は、比誘電率の異なる物質の境界において電磁波の反射が生じることを利用するもので、コンクリート中の ⬚（ハ）⬚ の厚さや ⬚（ニ）⬚ を調べることができる。

(4) 赤外線法は、熱伝導率が異なることを利用して表面 ⬚（ホ）⬚ の分布状況から、 ⬚（ロ）⬚ やはく離などの箇所を非接触で調べる方法である。

（H28- 問題 4）

解説 コンクリート構造物の品質管理に関する留意点は、主に「コンクリート診断技術」（日本コンクリート工学会）他により定められている。

解答

（イ）	（ロ）	（ハ）	（ニ）	（ホ）
表面	ひび割れ	かぶり	空洞	温度

5章 安全管理

チェックコーナー
(最近の出題傾向と対策)

選択問題（1）および選択問題（2）でそれぞれ1問ずつ出題される可能性が高い。必須問題として出題される可能性もある。

出題項目	出題実績 （ランク）	解答 形式	対　　　策
掘削作業・ 土止め支保工 （土留め支保工）	☆☆ 4問/10年	語句1問 記述3問	• ほぼ毎年出題されており、安全管理の主要項目として整理しておく。 • 掘削作業は、地山の種類および高さによる勾配をまとめておく。 • 土止め支保工は、設置に関する基準の数値を整理しておく。
足場工・ 墜落危険防止	☆☆☆ 5問/10年	語句2問 記述3問	• ほぼ毎年出題されており、安全管理の主要項目として整理しておく。 • 足場工における基準の数値を整理しておく。 • 墜落危険防止対策については、主に作業床、安全帯、悪天候時の作業、照度の保持が重要なキーワードとなる。 • 型枠支保工は、組立図、型枠支保工の設置、コンクリート打設作業に区分して留意点を整理する。
車両系建設機械・移動式クレーン	☆☆☆ 7問/10年	語句4問 記述3問	• 隔年ごとには出題されており、工事中における基本項目である。 • 車両系建設機械については、前照灯、ヘッドガード、転落防止、接触防止、合図、運転位置離脱、移送、用途以外、使用制限は、基本項目である。 • 移動式クレーンについては、配置・据付けと作業に分けて留意点を整理する。
各種工事労働災害防止	☆ 2問/10年	語句0問 記述2問	• 近年出題は少ないが、過去の実績は多いので注意しておく。 • 公衆災害防止対策：全ての工事における安全対策としては、「案内板・表示板の設置」、「監視員の配置」が重要である。 • 地下埋設物・架空線近接工事：ガス管、電線工事における留意点を整理しておく。
安全管理体制	☆ 2問/10年	語句1問 記述1問	• 近年出題は少ないが、過去の実績は多いので注意しておく。 • 作業主任者の職務は全て把握しておくこと。 • 現場における安全活動は、現場作業の基本項目として理解しておく。

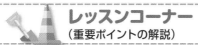

LESSON 1 　掘削作業・土止め支保工（土留め支保工）　出題ランク ★★☆

（1）掘削作業

掘削作業の安全対策について、「労働安全衛生規則第355条以降」により下記に整理する。

項　目	内　　容
作業箇所の調査	形状、地質、地層の状態／亀裂、含水、湧水および凍結の有無／埋設物などの有無／高温のガスおよび蒸気の有無など
掘削面の勾配と高さ	地山の種類、高さにより下表に区分される。

地山の区分	掘削面の高さ	勾配	備　考
岩盤または硬い粘土からなる地山	5ｍ未満	90°以下	
	5ｍ以上	75°以下	（a）岩盤または硬い粘土からなる地山
その他の地山	2ｍ未満	90°以下	
	2〜5ｍ未満	75°以下	
	5ｍ以上	60°以下	
砂からなる地山	勾配35°以下または高さ5ｍ未満		（b）その他の地山
発破などにより崩壊しやすい状態の地山	勾配45°以下または高さ2ｍ未満		

（a）岩盤または硬い粘土からなる地山：5ｍ未満 90°以下／5ｍ以上 75°以下

（b）その他の地山：2ｍ未満 90°以下／2ｍ以上5ｍ未満 75°以下／5ｍ以上 60°以下

> **Point → ワンポイントアドバイス**
> ・地山の種類および高さによる勾配をまとめておく。

（2）土止め支保工

土止め支保工の安全対策について、「労働安全衛生規則第368条以降」により下記に整理する。

項　目	内　容
部材の取付け など	・切ばりおよび腹起しは、脱落を防止するため、矢板、杭などに確実に取り付ける。 ・圧縮材の継手は、突合せ継手とする。 ・切ばりまたは火打ちの接続部および切ばりと切ばりの交さ部は当て板を当て、ボルト締めまたは溶接などで堅固なものとする。
切ばりなどの 作業	・関係者以外の労働者の立入りを禁止する。 ・材料、器具、工具などを上げたり、おろしたりするときは、吊り綱、吊り袋などを使用する。
点　検	・7日を超えない期間ごと、中震以上の地震の後、大雨などにより地山が急激に軟弱化するおそれのあるときには、部材の損傷、変形、変位および脱落の有無、部材の接続部、交さ部の状態について点検し、異常を認めたときは直ちに補強または補修をする。
土留工の設置	・掘削深さ1.5 mを超える場合に設置し、4 mを超える場合、親杭横矢板工法または鋼矢板とする。
根入れ深さ	・杭の場合は1.5 m、鋼矢板の場合は3.0 m以上とする。
親杭横矢板工法	・土止め杭はH-300以上、横矢板最小厚は3 cm以上とする。
腹起し	・部材はH-300以上、継手間隔は6.0 m以上、垂直間隔は3.0 m以内とする。
切ばり	・部材はH-300以上、水平間隔は5.0 m以下、垂直間隔は3.0 m以内とする。

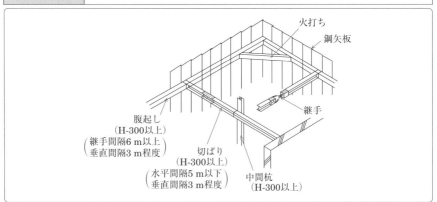

火打ち
鋼矢板
継手
腹起し
（H-300以上）
（継手間隔6 m以上
垂直間隔3 m程度）
切ばり
（H-300以上）
（水平間隔5 m以下
垂直間隔3 m程度）
中間杭
（H-300以上）

Point ➡ **ワンポイントアドバイス**
・土止め支保工設置に関する、基準の数値を整理しておく。

（1）足場工

　足場工の安全対策について、「労働安全衛生規則第 559 条以降」により下記に整理する。

○ 鋼管足場（パイプサポート）

項　目	内　　容
鋼管足場	・滑動または沈下防止のためにベース金具、敷板などを用い根がらみを設置する。 ・鋼管の接続部または交さ部は付属金具を用いて、確実に緊結する。
単管足場	・建地の間隔は、桁行方向 1.85 m、梁間方向 1.5 m 以下とする。 ・建地間の積載荷重は、400 kg を限度とする。 ・地上第一の布は 2 m 以下の位置に設ける。 ・最高部から測って 31 m を超える部分の建地は 2 本組とする。
枠組足場	・最上層および 5 層以内ごとに水平材を設ける。 ・梁枠および持送り枠は、水平筋かいにより横ぶれを防止する。 ・高さ 20 m 以上のとき、主枠は高さ 2.0 m 以下、間隔は 1.85 m 以下とする。

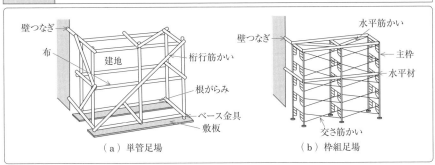

（a）単管足場　　　　　　　　（b）枠組足場

○ 手すり先行工法による足場の安全基準（手すり先行工法に関するガイドライン）

項　目	内　　容
定　義	建設工事において、足場の組立てなどの作業を行うにあたり、労働者が足場の作業床に乗る前に、作業床の端となる箇所に適切な手すりを先行して設置し、かつ、最上層の作業床を取り外すときは、作業床の端の手すりを残置して行う工法である。
手すり先送り方式	足場の最上層に床付き布枠などの作業床を取り付ける前に、最上層より一層下の作業床上から、建枠の脚注に沿って上下可能な手すりまたは手すり枠を設置する方式である。

項　目	内　容
手すり据置き方式	足場の最上層に床付き布枠などの作業床を取り付ける前に、最上層より一層下の作業床上から、据置型の手すりまたは手すり枠を設置する方式である。
手すり先行専用足場方式	鋼管足場の適用除外が認められた枠組足場で、最上層より一層下の作業床上から、手すりの機能を有する部材を設置することができる、手すり先行専用のシステム足場による方式である。

(2) 墜落危険防止

墜落危険防止対策について、「労働安全衛生規則第518条以降」により下記に整理する。

項　目	内　容
作業床	高さ2m以上で作業を行う場合、足場を組み立てるなどにより作業床を設け、また、作業床の端や開口部などには囲い、85cm以上の手すり、中さん（高さ35～50cm）、巾木（高さ10cm以上）および覆いなどを設けなければならない。
墜落制止用器具（安全帯）	高さ2m以上で作業を行う場合、85cm以上の手すり、覆いなどを設けることが著しく困難な場合やそれらを取り外す場合、墜落制止用器具が取り付けられる設備を準備する。また、労働者に墜落制止用器具を使用させるなどの措置をし、墜落による労働者の危険を防止しなければならない。
悪天候時の作業	強風、大雨、大雪などの悪天候のときは危険防止のため、高さ2m以上での作業をしてはならない。
照度の保持	高さ2m以上で作業を行う場合、安全作業確保のため、必要な照度を保持しなければならない。
昇降設備	高さ1.5m以上で作業を行う場合、昇降設備を設けることが作業の性質上著しく困難である場合以外は、労働者が安全に昇降できる設備を設けなければならない。

 ワンポイントアドバイス

- 墜落危険防止対策については、主に作業床、墜落制止用器具、悪天候時の作業、照度の保持が重要なキーワードとなる。
- 労働安全衛生規則により、作業床における手すり、中さん、巾木について整理する必要がある。

(3) 型枠支保工

　型枠支保工の安全対策について、「労働安全衛生規則第237条以降」により下記に整理する。

項　目	内　容
組立図	• 組立図には、支柱、梁（はり）、つなぎ、筋かいなどの部材の配置、接合の方法および寸法を明示する。
型枠支保工	• 沈下防止のため、敷角の使用、コンクリートの打設、杭の打込みなどの措置を講ずる。 • 滑動防止のため、脚部の固定、根がらみの取付けなどの措置を講じる。 • 支柱の継手は、突合せ継手または差込み継手とする。 • 鋼材の接続部または交さ部はボルト、クランプなどの金具を用いて緊結する。 • 高さが3.5 mを超えるとき、2 m以内ごとに2方向に水平つなぎを設ける。
コンクリート打設作業	• コンクリート打設作業の開始前に型枠支保工の点検を行う。 • 作業中に異常を認めた際には、作業中止のための措置を講じておくこと。

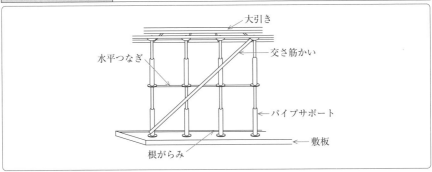

大引き
水平つなぎ
交さ筋かい
パイプサポート
敷板
根がらみ

Point ➡ ワンポイントアドバイス
　• 組立図、型枠支保工の設置、コンクリート打設作業に区分して留意点を整理する。

LESSON 3 車両系建設機械・移動式クレーン　　出題ランク ★★★

（1）車両系建設機械

車両系建設機械の安全対策について、「労働安全衛生規則第 152 条以降」により下記に整理する。

項　目	内　容
前照灯の設置	照度が保持されている場所以外では、前照灯を備える。
ヘッドガード	岩石の落下などの危険が生じる箇所では、堅固なヘッドガードを備える。
転落などの防止	運行経路における路肩の崩壊防止、地盤の不同沈下の防止、必要な幅員の確保を図る。
接触の防止	接触による危険箇所への労働者の立入禁止および誘導者の配置を行う。
合　図	一定の合図を決め、誘導者に合図を行わせる。
運転位置から離れる場合	バケット、ジッパーなどの作業装置を地上におろす。原動機を止め、走行ブレーキをかける。
移　送	積卸しは平坦な場所で行い、道板は十分な長さ、幅、強度、適当な勾配で取り付ける。
主たる用途以外の使用制限	パワーショベルによる荷の吊り上げ、クラムシェルによる労働者の昇降などの主たる用途以外の使用を禁止する。

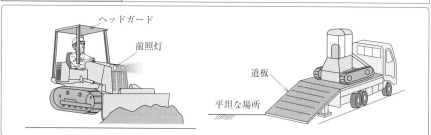

Point ➡ ワンポイントアドバイス
- 前照灯、ヘッドガード、転落防止、接触防止、合図、運転位置離脱、移送、用途以外使用制限は、**基本項目である。**

(2) 移動式クレーン

移動式クレーンの安全対策について、「クレーン等安全規則」により下記に整理する。

区 分	項 目	内 容
配置・据付け	作業方法の検討	作業範囲内に障害物がないことを確認する。ある場合はあらかじめ作業方法の検討を行う。
	地盤状態の確認	設置する地盤の状態を確認する。地盤の支持力が不足する場合は、地盤の改良、鉄板などにより、吊り荷重に相当する地盤反力を確保できるまで補強する。
	機体の位置	機体は水平に設置し、アウトリガーは作業荷重によって、最大限に張り出す。
	荷重制限	荷重表で吊り上げ能力を確認し、吊り上げ荷重や旋回範囲の制限を厳守する。
	作業開始前の点検	作業開始前に、負荷をかけない状態で、巻過防止装置、警報装置、ブレーキ、クラッチなどの機能について点検を行う。
	運転開始後の点検	運転開始後しばらくして、アウトリガーの状態を確認し、異常があれば調整する。
作業	適用の除外	クレーン、移動式クレーン、デリックで、吊り上げ荷重が 0.5 t 未満のものは適用しない。
	作業の方法などの決定	転倒などによる労働者の危険防止のために以下の事項を定める。 ① 移動式クレーンによる作業の方法 ② 移動式クレーンの転倒を防止するための方法 ③ 移動式クレーンの作業にかかわる労働者の配置および指揮の系統
	特別の教育	吊り上げ荷重が 1 t 未満の移動式クレーンの運転をさせるときは特別教育を行う。
	就業制限	移動式クレーンの運転士免許が必要となる。 (吊り上げ荷重が 1 ～ 5 t 未満は運転技能講習修了者で可となる)
	過負荷の制限	定格荷重を超えての使用は禁止する。
	使用の禁止	軟弱地盤や地下工作物などにより転倒のおそれのある場所での作業は禁止する。
	アウトリガー	アウトリガーまたはクローラは最大限に張り出さなければならない。
	運転の合図	一定の合図を定め、指名した者に合図を行わせる。

区　分	項　目	内　容
作業	搭乗の制限	労働者を運搬したり、吊り上げての作業は禁止する（ただし、やむを得ない場合は、専用の搭乗設備を設けて乗せることができる）。
	立入禁止	作業半径内の労働者の立入りを禁止する。
	強風時の作業の禁止	強風のために危険が予想されるときは作業を禁止する。
	離脱の禁止	荷を吊ったままでの、運転位置からの離脱を禁止する。
	作業開始前の点検	その日の作業開始前に、巻過防止装置、過負荷警報装置、その他の警報装置、ブレーキ、クラッチおよびコントローラの機能について点検する。

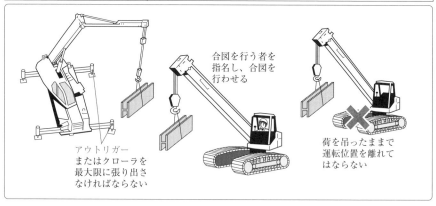

合図を行う者を指名し、合図を行わせる

アウトリガーまたはクローラを最大限に張り出さなければならない

荷を吊ったままで運転位置を離れてはならない

（Point）➡ ワンポイントアドバイス

- 移動式クレーンについては、配置・据付けと作業に分けて留意点を整理する。

LESSON 4 各種工事労働災害防止 出題ランク ★☆☆

(1) 公衆災害防止対策

各種建設工事の安全対策について、「建設工事公衆災害防止対策要綱（土木工事編）」および「土木工事安全施工技術指針」により下記に整理する。

項　目	内　容
作業場 （要綱第 10〜第 16）	• 作業場は周囲と明確に区分し、固定柵またはこれに類する工作物を設置する。 • 道路上に作業場を設ける場合には、交通流に対する背面から車両を出入りさせる。 • 作業場の出入口には、原則として引戸式の扉を設け、作業に必要のない限り閉鎖し、公衆の立入りを禁ずる標示板を掲げる。
交通対策 （要綱第 17〜第 27）	• 道路標識、標示板などの設置、案内用標示板などの設置、通行制限する場合の車道幅員確保などの安全対策を行うにあたっては、道路管理者および所轄警察署長の指示に従う。 • 道路上または道路に接して夜間工事を行う場合には、作業場を区分する柵などに沿って、150 m 前方から視認できる保安灯を設置する。 • 特に交通量の多い道路上で工事を行う場合は、工事中を示す標示板を設置し、必要に応じて夜間 200 m 前方から視認できる注意灯などを設置する。
埋設物 （要綱第 33〜第 40）	• 埋設物に近接して工事を施工する場合には、あらかじめ埋設物管理者および関係機関と協議し、施工の各段階における埋設物の保全上の措置、実施区分、防護方法、立会いの有無、連絡方法などを決定する。 • 埋設物が予想される場所で工事を施工しようとするときは、台帳に基づいて試掘などを行い、埋設物の種類、位置などを原則として目視により確認する。 • 埋設物に近接して掘削を行う場合は、周囲の地盤の緩み、沈下などに注意し、必要に応じて補強、移設などの措置を講じる。
架空線近接工事 （技術指針第 3 章第 2 節、要綱第 87）	• 施工者は、架線、構造物など、もしくは作業場の境界に近接して、またはやむを得ず作業場の外に出て機械類を操作する場合においては、歯止めの設置、ブームの回転に対するストッパーの使用、近接電線に対する絶縁材の装着、見張員の配置など必要な措置を講じる。 • 建設機械ブームなどの旋回、立入禁止区域を設定する。

→ ワンポイントアドバイス

• 全ての工事における安全対策としては、「案内板、表示板の設置」、「監視員の配置」が重要である。

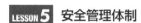

LESSON 5 安全管理体制

出題ランク ★☆☆

(1) 作業主任者を選任すべき主な作業（労働安全衛生法施行令第6条）

作業内容	作業主任者	資　格
高圧室内作業	高圧室内作業主任者	免許を受けた者
アセチレン・ガス溶接	ガス溶接作業主任者	免許を受けた者
コンクリート破砕機作業	コンクリート破砕機作業主任者	技能講習を修了した者
2m以上の地山掘削および土止め支保工作業	地山の掘削および土止め支保工作業主任者	技能講習を修了した者
型枠支保工作業	型枠支保工の組立等作業主任者	技能講習を修了した者
吊り、張出し、5m以上足場組立て	足場の組立等作業主任者	技能講習を修了した者
鋼橋（高さ5m以上、スパン30m以上）架設	鋼橋架設等作業主任者	技能講習を修了した者
コンクリート造の工作物（高さ5m以上）の解体	コンクリート造の工作物の解体等作業主任者	技能講習を修了した者
コンクリート橋(高さ5m以上、スパン30m以上）架設	コンクリート橋架設等作業主任者	技能講習を修了した者

Point ➡ ワンポイントアドバイス
- 「免許を受けた者」、「技能講習を修了した者」の区分を確認する。

(2) 作業主任者の職務

・材料の欠点の有無を点検し、不良品を取り除くこと。
・器具、工具、要求性能墜落制止用器具および保護帽の機能を点検し、不良品を取り除くこと。
・作業の方法および労働者の配置を決定し、作業の進行状況を監視すること。
・墜落制止用器具（安全帯）および保護帽の使用状況を監視すること。

Point ➡ ワンポイントアドバイス
- 作業主任者の4つの職務は全て把握しておくこと。

(3) 現場における安全活動

現場における安全の確保のために、具体的な安全活動について下記に整理する。

項　目	内　容
作業環境の整備	安全通路の確保、工事用設備の安全化、工法の安全化などの検討
ツールボックスミーティングの実施	作業開始前に行う、その日の作業内容、作業手順などの話合い
安全点検の実施	工事用設備、機械器具などの点検責任者による点検
安全講習会、研修会、見学会の実施	外部での講習会、見学会および内部における研修会の開催
安全掲示板、標識類の整備	ポスター、注意事項の掲示、安全標識類の表示および安全旗の掲揚
その他	責任と権限の明確化、安全競争・表彰、安全放送などの安全活動の実施

経験記述編

学科記述編

5章

（演習問題と解説・解答）

CHALLENGE 1 掘削作業・土止め支保工（土留め支保工）　　出題ランク ★★☆

演習問題 1　建設工事現場における機械掘削および積込み作業中の事故防止対策として、労働安全衛生規則の定めにより、事業者が実施すべき事項を 5 つ解答欄に記述しなさい。
（R2- 問題 10）

解説　機械掘削および積込み作業中の事故防止対策に関しては、主に「労働安全衛生規則」（第 355 〜 367 条）に規定されている。

解答　下記の事項から 5 つを選んで記述する。

・掘削面の高さが 2 m 以上となる地山掘削を行う場合は、技能講習を修了した者のうちから地山の掘削作業主任者を選任する。
・点検者を指名し、その日の作業を開始する前などに、掘削箇所とその周辺の浮石、亀裂、含水、湧水、凍結の状態の変化を点検させる。
・安全な勾配の確保、土止め支保工の設置など、地山の崩壊・土石の落下による危険防止措置を講ずる。
・掘削機械の作業範囲内への作業員の立入りを禁止する。
・安全に作業を行うために必要な照度を保持する。
・埋設物が予想される場合は、試掘を行い、埋設物の種類、位置などの確認を行う。
・機械が労働者の作業箇所に後進して接近するとき、または転落するおそれのあるときは、誘導者を配置し、その者に機械を誘導させる。
・機械の運行の経路ならびに土石の積卸し場所への機械の出入りの方法を定めて、労働者に周知する。

> **演習問題2**　労働安全衛生規則の定めにより、事業者が行わなければならない「墜落等による危険の防止」に関する次の文章の□□□の（イ）〜（ホ）に当てはまる適切な語句または数値を解答欄に記述しなさい。
>
> (1) 事業者は、高さが　(イ)　m 以上の箇所で作業を行なう場合において墜落により労働者に危険を及ぼすおそれのあるときは、足場を組み立てる等の方法により　(ロ)　を設けなければならない。
>
> (2) 事業者は、高さが　(イ)　m 以上の箇所で　(ロ)　を設けることが困難なときは、　(ハ)　を張り、労働者に　(ニ)　を使用させる等墜落による労働者の危険を防止するための措置を講じなければならない。
>
> (3) 事業者は、労働者に　(ニ)　等を使用させるときは、　(ニ)　等およびその取付け設備等の異常の有無について、　(ホ)　しなければならない。
>
> (H30- 問題 5)

解説　「墜落等による危険の防止」に関しては、主に「労働安全衛生規則」（第518 〜 533 条）に規定されている。

解答

（イ）	（ロ）	（ハ）	（ニ）	（ホ）
2	作業床	防網	墜落制止用器具	随時点検

CHALLENGE 3 車両系建設機械・移動式クレーン

出題ランク ★★★

演習問題 3 車両系建設機械による労働者の災害防止のため、労働安全衛生規則の定めにより、事業者が実施すべき安全対策に関する次の文章の[　　　　　]の（イ）～（ホ）に当てはまる適切な語句を解答欄に記述しなさい。

(1) 車両系建設機械を用いて作業を行なうときは、運転中の車両系建設機械に[（イ）]することにより労働者に危険が生じるおそれのある箇所に、原則として労働者を立ち入らせてはならない。

(2) 車両系建設機械を用いて作業を行なうときは、車両系建設機械の転倒または転落による労働者の危険を防止するため、当該車両系建設機械の[（ロ）]について路肩の崩壊を防止すること、地盤の[（ハ）]を防止すること、必要な幅員を確保すること等必要な措置を講じなければならない。

(3) 車両系建設機械の運転者が運転位置を離れるときは、バケット、ジッパー等の作業装置を地上に下ろさせるとともに、[（ニ）]を止め、かつ、走行ブレーキをかける等の車両系建設機械の逸走を防止する措置を講じさせなければならない。

(4) 車両系建設機械を、パワー・ショベルによる荷の吊り上げ、クラムシェルによる労働者の昇降等当該車両系建設機械の主たる[（ホ）]以外の[（ホ）]に原則として使用してはならない。

(R1-問題5)

解説 車両系建設機械による労働者の災害防止に関しては、主に「労働安全衛生規則」（第152～171条）に規定されている。

解答

（イ）	（ロ）	（ハ）	（ニ）	（ホ）
接触	運行経路	不同沈下	原動機	用途

演習問題 4 下図は、移動式クレーンで土止め支保工に用いる H 型鋼の現場搬入作業を行っている状況である。この現場において<u>安全管理上必要な労働災害防止対策</u>に関して「クレーン等安全規則」に定められている措置の内容について 2 つ解答欄に記述しなさい。

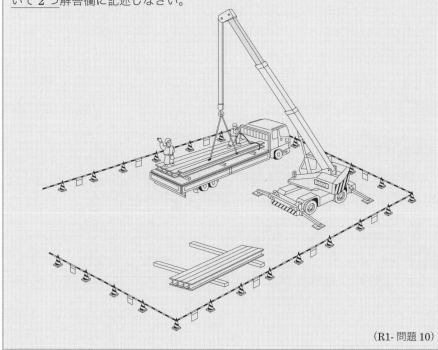

(R1- 問題 10)

解 説 土止め支保工用いる H 型鋼の現場搬入作業における、労働災害防止対策に関しては、主に「クレーン等安全規則」（第 53 〜 80 条）に規定されている。

解 答 下記のうちから 2 つを選んで記述する。

・機体は水平に設置し、アウトリガーは作業荷重によって、最大限に張り出す。
・軟弱地盤や地下工作物などにより転倒のおそれのある場所での作業は禁止する。
・一定の合図を定め、指名した者に合図を行わせる。
・作業範囲内に障害物がないことを確認し、もし障害物がある場合はあらかじめ作業方法の検討を行う。
・設置する地盤の状態を確認し、地盤の支持力が不足する場合は、地盤の改良、鉄板などにより、吊り荷重に相当する地盤反力を確保できるまで補強する。

学科記述編

5章

・転落などの防止のために、運行経路における路肩の崩壊防止、地盤の不同沈下の防止、必要な幅員の確保を図る。
・軟弱な路肩、法肩に接近しないように作業を行い、近づく場合は、誘導員を配置する。
・作業半径内への労働者の立入りを禁止する。
・移動式クレーンのフックは吊り荷の重心に誘導する。吊り角度と水平面のなす角度は60°以内とする。

CHALLENGE4 各種工事労働災害防止 出題ランク ★☆☆

演習問題5 下記の現場条件で工事をする場合、(1)、(2) のいずれかを選びその施工時の安全上の留意点を2つ解答欄に記述しなさい。

(1) 地下埋設物に近接する箇所で施工する場合
(2) 架空線に近接する箇所で施工する場合 (H25-問題5-設問2)

解説 (1) の安全管理に関しては「建設工事公衆災害防止対策要綱」(第7章埋設物)、(2) の安全管理に関しては「労働安全衛生規則」(第349条)にそれぞれ規定されている。

解答 各項目のいずれかについて、下記のうちから2つを選んで記述する。
(1) 地下埋設物に近接する箇所で施工する場合
・埋設物について事前に調査し、確認をする。
・埋設物の管理者と協議し、保安上の措置を講ずる。
・試掘により埋設物の存在が確認されたときには、布掘り、つぼ掘りにより露出させる。
・露出した埋設物には、標示板により関係者に注意喚起をする。
・周囲の地盤のゆるみ、沈下などに十分注意をする。
(2) 架空線に近接する箇所で施工する場合
・当該充電電路を移設する。
・感電の危険を防止するための囲いを設ける。
・当該充電電路に絶縁用防護具を装着する。
・移設、囲い、防護の措置が困難なときは、監視人をおき作業を監視させる。

演習問題 6 建設工事現場での労働災害防止の安全管理に関する次の記述のうち①～⑦の全てについて、労働安全衛生法令に定められている語句または数値が適切でないものが文中に含まれている。①～⑦のうちから3つ抽出し、その番号をあげ、適切でない語句または数値の訂正を解答欄に記入しなさい。

① 特定元方事業者は、同一の場所で複数のものに仕事の一部を請け負わせ、労働者が常時100人規模の事業を実施する工事現場では総括安全衛生管理者を選任する必要があり、特定元方事業者および全ての関係請負人が参加する協議会組織を設置し、当該協議会を定期的に開催するとともに関係請負人相互の連絡および調整を随時行わせる。

② 事業者は、高所作業車を用いて作業を行う場合には、作業車の作業方法を示した作業計画を作成し、関係労働者に周知するとともに、作業の指揮者を届け出して作業を指揮させる。

③ 事業者は、作業場に通ずる場所および作業場内には労働者が使用するための安全な通路を設けるものとし、その架設通路について、墜落の危険のある箇所には原則として、手すり枠の構造について、作業床からの高さは85 cm以上の箇所に手すりを設けて、作業床と手すりの間に高さ35 cm以上50 cm以下に中さん等を設置するかまたは手すりと作業床の間に1本の斜材等を設置する。

④ 事業者は、高所から物を投下する高さが7 m以上となるものは適当な投下設備を設け監視人をおき、また、物体が飛来することにより労働者が危険な場合は飛来防止設備を設け、労働者に保護帽を使用させる。

⑤ 事業者は、コンクリート造の工作物の解体の高さが7 m以上となるものは、工作物の形状、亀裂の有無、周囲の状況を事前に調査するとともに、コンクリート造の工作物の解体等作業主任者を選任して器具、工具、安全帯等および保護帽の機能を点検し、不良品を取り除くことを行わせる。

⑥ ずい道工事を行う事業者は、地山の形状、地質および地層の状態を調査し、掘削方法や湧水もしくは可燃性ガスの処理などについて施工計画を定める。また、ずい道工事の出入口から1,500 m以上の場所において作業を行うこととなるものは、救護に関する措置として厚生労働省令で定める資格を有する者のうちから技術的事項を管理する専属の者を事業場で選任して、労働者の救護の安全に関する措置をなし得る権限を与えなければならない。

⑦ 土石流が発生するおそれがある工事現場の特定元方事業者は、請負人毎に避難訓練の実施方法や警報の方法を取り決め、技術上の指導を行う。

(H25-問題5-設問1)

解説 建設工事現場での労働災害防止の安全管理に関しては、「労働安全衛生規則」に規定されている。

解答 下記のうちから3つを選んで記述する。

番号	適切でない語句または数値	訂 正
①	100人	50人
	総括安全衛生管理者	統括安全衛生責任者
②	届け出して	定めて
③	1本	2本
④	7m	3m
⑤	7m	5m
⑥	1,500m	1,000m
⑦	請負人毎	関係労働者

チェックコーナー
（最近の出題傾向と対策）

選択問題（1）および選択問題（2）でそれぞれ1問ずつ出題される可能性が高い。必須問題として出題される可能性もある。

出題項目	出題実績（ランク）	解答形式	対　　策
施工計画	☆☆☆ 8問/10年	語句4問 記述4問	• 施工計画作成を中心に毎年出題されており、主要項目として理解しておく。 • 施工計画作成：施工計画書の記載内容を中心に整理しておく。 • 工事の届出：届出書類と提出先を整理しておく。
工程管理	☆☆ 3問/10年	語句0問 記述3問	• ほぼ毎年出題されており、施工管理全般の主要項目として整理しておく。 • 工程計画：具体的な工事の手順を理解しておく。 • 工程表の種類と特徴：主な工程表の種類と特徴および長所、短所について整理しておく。 • ネットワーク式工程表について、一度は作成をしてみる。
環境管理	☆☆☆ 10問/10年	語句5問 記述5問	• 建設副産物、廃棄物などに関する法令類は、共通・重複項目も含まれており、同様の重要度として、整理をする必要がある。 • 建設リサイクル法（建設工事に係る資材の再資源化等に関する法律）・資源利用法（資源の有効な利用の促進に関する法律）：特定建設資材の4種および建設指定副産物の4種は整理しておくこと。 • 廃棄物処理法：マニフェスト制度の基本を理解するとともに、廃棄物の種類と品目を整理しておく。 • 騒音・振動防止対策：騒音規制法と振動規制法の規制値（85 dB と 75 dB）および特定建設作業の相違を整理しておく。

レッスンコーナー
（重要ポイントの解説）

（1）施工計画作成の基本的事項

　施工計画とは、構造物を工期内に経済的かつ安全、環境、品質に配慮しつつ、施工する条件、方法を策定することであり、基本的事項を下記に示す。

項　目	内　容
施工計画の目標	• 工事の目的物を設計図書および仕様書に基づき所定の工事期間内に、最小の費用でかつ環境、品質に配慮しながら安全に施工できる条件を策定することである。
基本方針	• 施工計画の決定には、過去の経験を踏まえつつ、常に改良を試み、新工法、新技術の採用に心がける。 • 現場担当者のみに頼らず、できるだけ社内の組織を活用して、関係機関および全社的な高度な技術水準で検討する。 • 契約工期は、施工者にとって、手持ち資材、機材、作業員などの社内的状況によっては必ずしも最適工期とはならず、契約工期の範囲内でさらに経済的な工程を探し出す。 • 1つの計画だけでなく、複数の代案を作成し、経済性を含め長短を比較検討し最適な計画を採用する。

（2）施工計画書の作成

　施工計画書は、受注者の責任において作成するもので、発注者が施工方法などの選択について注文をつけるものではない。施工計画書の記載内容は下記のとおりである。

項　目	内　容
工事概要	工事名、工事場所、工期、請負代金、発注者、請負者など
計画工程表	各工種別について作業のはじめと終わりがわかるネットワーク、バーチャートなどで作成する。
現場組織表	現場における組織の編成および命令系統ならびに業務分担がわかるように記載し、監理（主任）技術者、専門技術者をおく工事についてはそれを記載する。
指定機械	工事に使用する機械で、設計図書で指定されている機械（騒音振動、排ガス規制、標準操作など）について記載する。

項　目	内　容
主要船舶・機械	工事に使用する船舶・機械で、設計図書で指定されている機械（騒音振動、排ガス規制、標準操作など）以外の主要なものを記載する。
主要資材	工事に使用する指定材料および主要資材について、品質証明方法および材料確認時期などについて記載する。
施工方法(主要機械、仮設備計画、工事用地などを含む)	「主要な工種」ごとの作業フロー、施工実施上の留意事項および施工方法、工事全体に共通する仮設備の構造、配置計画など、仮設建物、材料、機械などの仮置き場、プラントなどの機械設備、運搬路、仮排水、安全管理に関する仮設備など
施工管理計画	工程管理計画、品質管理計画、出来形管理計画、写真管理計画、品質証明
安全管理	工事安全管理対策、第三者施設安全管理対策、安全教育、訓練計画
緊急時の体制および対応	大雨、強風などの異常気象または地震、水質事故、工事事故などが発生した場合に対する組織体制および連絡系統を記述する。
交通管理	工事に伴う交通処理および交通対策
環境対策	工事現場地域の生活環境の保全と、円滑な工事施工を図ることを目的として、環境保全対策について関係法令に準拠した項目の対策計画を記述する。
現場作業環境の整備	現場作業環境の整備に関した、仮設関係、安全関係、営繕関係、イメージアップ対策の内容について記述する。
再生資源の利用の促進と建設副産物の適正処理方法	再生資源利用計画書、再生資源利用促進計画書、指定副産物搬出計画（マニュフェストなど）について記述する。

 ➡ ワンポイントアドバイス

・各種記載例は「土木工事書類作成マニュアル」（国土交通省）を参照する。

(3) 工事の届出

　建設工事の着手に際して施工者が関係法令に基づき提出する、主な「届出書類」と、その「提出先」は下記のとおりである。

届出書類	提出先
労働保険などの関係法令による、労働保険・保険関係成立届	労働基準監督署長
労働基準法による諸届	労働基準監督署長
騒音規制法に基づく特定建設作業実施届出書	市町村長

届出書類	提出先
振動規制法に基づく特定建設作業実施届出書	市町村長
道路交通法に基づく道路使用許可申請書	警察署長
道路法に基づく道路専用許可申請書	道路管理者
消防法に基づく電気設備設置届	消防署長

LESSON 2　工程管理　　　　出題ランク ★★☆

(1) 工程計画

代表的な構造物の施工手順は以下のとおりである。

① プレキャストボックスカルバートの施工手順

準備工（丁張）→ 床堀工（バックホウ）→ 砕石基礎工
→ 均しコンクリート工 → 敷モルタル工
→ プレキャストボックスカルバート設置 → 埋戻し工 → 後片付け

② 管渠敷設の施工手順

準備工 → 床掘工 → 砕石基礎工 → 管渠敷設工 → 型枠工
→ コンクリート基礎工 → コンクリート養生 → 型枠撤去 → 埋戻し
→ 残土処理 → 後片付け

③ プレキャストL型擁壁の施工手順

準備工 → 床堀工 → 基礎砕石工 → 均しコンクリート工
→ コンクリート工（型枠設置、コンクリート打込み、養生、型枠脱型）
→ 敷モルタル → プレキャストL型擁壁設置 → 埋戻し工
→ 路床面転圧工 → 路床工 → 後片付け

LESSON 3 環境管理

(1) 建設リサイクル法・資源利用法

建設リサイクル法（建設工事に係る資材の再資源化等に関する法律）と資源利用法（資源の有効な利用の促進に関する法律）の重要事項は以下のとおりである。

① 特定建設資材

項　目	内　容
定　義	コンクリート、木材その他建設資材のうち、建設資材廃棄物になった場合におけるその再資源化が資源の有効な利用および廃棄物の減量を図るうえで特に必要であり、かつ、その再資源化が経済性の面において制約が著しくないと認められるものとして政令で定められるもの。
種　類	1. コンクリート 2. コンクリートおよび鉄からなる建設資材 3. 木材 4. アスファルト・コンクリート

② 分別解体および再資源化等の義務

項　目	内　容
対象建設工事の規模の基準	1. 建築物の解体：床面積 80 m² 以上 2. 建築物の新築：床面積 500 m² 以上 3. 建築物の修繕・模様替え：工事費 1 億円以上 4. その他の工作物（土木工作物など）：工事費 500 万円以上
届　出	対象建設工事の発注者または自主施工者は、工事着手の 7 日前までに、建築物などの構造、工事着手時期、分別解体などの計画について、都道府県知事に届け出る。
解体工事業	建設業の許可が不要な小規模解体工事業者も都道府県知事の登録を受け、5 年ごとに更新する。

Point→ ワンポイントアドバイス

- 建設副産物、廃棄物等に関する法令などは、共通・重複項目も含まれており、同様の重要度として、整理をする必要がある。
- 特定建設資材の 4 種類は把握しておくこと。

③ 建設指定副産物

　建設工事に伴って副次的に発生する物品で、再生資源として利用可能なものとして、次の4種類が指定されている。

建設指定副産物	再生資源
1. 建設発生土	構造物埋戻し・裏込め材料、道路盛土材料、宅地造成用材料、河川築堤材料など
2. コンクリート塊	再生骨材、道路路盤材料、構造物基礎材
3. アスファルト・コンクリート塊	再生骨材、道路路盤材料、構造物基礎材
4. 建設発生木材	製紙用およびボードチップ（破砕後）

④ 再生資源利用計画および再生資源利用促進計画

	再生資源利用計画	再生資源利用促進計画
計画作成工事	次のどれかに該当する建設資材を搬入する建設工事 1. 土砂：体積 1,000 m^3 以上 2. 砕石：重量 500 t 以上 3. 加熱アスファルト混合物：重量 200 t 以上	次のどれかに該当する指定副産物を搬出する建設工事 1. 建設発生土：体積 1,000 m^3 以上 2. コンクリート塊、アスファルト・コンクリート塊、建設発生木材：合計重量 200 t 以上
定める内容	1. 建設資材ごとの利用量 2. 利用量のうち再生資源の種類ごとの利用量 3. そのほか再生資源の利用に関する事項	1. 指定副産物の種類ごとの搬出量 2. 指定副産物の種類ごとの再資源化施設または他の建設工事現場などへの搬出量 3. そのほか指定副産物にかかわる再生資源の利用の促進に関する事項
保　存	当該工事完成後 1 年間	当該工事完成後 1 年間

Point ▶ ワンポイントアドバイス

- 建設指定副産物の4種類は把握しておくこと。
- 再生資源利用計画−搬入、再生資源利用促進計画−搬出の関係を理解しておく。

(2) 廃棄物処理法

廃棄物処理法（廃棄物の処理及び清掃に関する法律）の重要事項は以下のとおりである。

○ 廃棄物の種類

廃棄物の種類	処分できる廃棄物
一般廃棄物	産業廃棄物以外の廃棄物
産業廃棄物	事業活動に伴って生じた廃棄物のうち、法令で定められた20種類のもの（ガラスくず、陶磁器くず、がれき類、廃プラスチック類、金属くず、繊維くず、燃え殻、汚泥、廃油、廃酸、廃アルカリ、紙くず、木くず等）
特別管理一般廃棄物および特別管理産業廃棄物	爆発性、感染性、毒性、有害性があるもの

○ 産業廃棄物管理票（マニフェスト）

項　目	内　容
マニフェスト制度	・排出事業者（元請人）が、廃棄物の種類ごとに収集運搬および処理を行う受託者に交付する。 ・マニフェストには、種類、数量、処理内容などの必要事項を記載する。 ・収集運搬業者はA票を、処理業者はD票を事業者に返送する。 ・排出事業者は、マニフェストに関する報告を都道府県知事に、年1回提出する。 ・事業者、収集運搬業者、処理業者は、マニフェストの写しを5年間保存する。
マニフェストが不要なケース	・国、都道府県または市町村に産業廃棄物の運搬および処分を委託するとき ・産業廃棄物業の許可が不要なもの（厚生労働大臣が指定した者）に処分を委託するとき ・直結するパイプラインを用いて処分するとき

Point➡ ワンポイントアドバイス

- 廃棄物の種類と品目を整理しておく。
- マニフェスト制度の基本を理解しておく。

（3）騒音・振動防止対策

騒音規制法および振動規制法の規制基準について、下記に整理する。

	項　目	内　容
騒音規制法	指定地域 （知事が指定）	• 静穏の保持を必要とする地域 • 住居が集合し、騒音発生を防止する必要がある地域 • 学校、病院、図書館、特養老人ホームなどの周囲 80 m の区域内
	特定建設作業	• 杭打ち機・杭抜き機、びょう打ち機、削岩機、空気圧縮機、コンクリートプラント、アスファルトプラント、バックホウ、トラクタショベル、ブルドーザをそれぞれ使用する作業
	規制値	• 85 dB 以下 • 連続 6 日、日曜日、休日の作業禁止
	届　出	• 指定地域内で特定建設作業を行う場合に、7 日前までに都道府県知事（市町村長へ委任）へ届け出る（災害など、緊急の場合はできるだけ速やかに）。
振動規制法	指定地域 （知事が指定）	• 静穏の保持を必要とする地域 • 住居が集合し、騒音発生を防止する必要がある地域 • 学校、病院、図書館、特養老人ホームなどの周囲 80 m の区域内
	特定建設作業	• 杭打ち機・杭抜き機、舗装版破砕機、ブレーカをそれぞれ使用する作業 • 鋼球を使用して工作物を破壊する作業
	規制値	• 75 dB 以下 • 連続 6 日、日曜日、休日の作業禁止
	届　出	• 指定地域内で特定建設作業を行う場合に、7 日前までに都道府県知事（市町村長へ委任）へ届け出る（災害など、緊急の場合はできるだけ速やかに）。

Point → ワンポイントアドバイス

• 騒音規制法と振動規制法の規制値（85dB と 75dB）および特定建設作業の相違を整理しておく。

チャレンジコーナー
（演習問題と解説・解答）

CHALLENGE 1 施工計画 　　　　　　　　　　　　　　　　　　　　（出題ランク ★★★）

演習問題 1　土木工事における、<u>施工管理の基本となる施工計画の立案に関</u><u>して、下記の5つの検討項目における検討内容をそれぞれ解答欄に記述しなさい。</u>

- ・契約書類の確認事項
- ・現場条件の調査（自然条件の調査）
- ・現場条件の調査（近隣環境の調査）
- ・現場条件の調査（資機材の調査）
- ・施工手順　　　　　　　　　　　　　　　　　　　　　　　　　　（R3-問題3）

解説　施工計画の立案に関しては、「契約条件の事前調査検討事項」および「現場条件の事前調査検討事項」について検討を行う。

解答　下記の各項目について、1つずつ記述する。

検討項目	検　討　内　容
契約書類の確認事項	・工事の変更、中止による損害の取扱いおよび不可抗力による損害の取扱いについての確認 ・工事内容、工期、請負代金の額および支払い方法の確認 ・設計図書、設計内容、仕様書などの確認
現場条件の調査 （自然条件の調査）	・地質、地形（工事用地、土質、地盤、地下水など）に関する調査、資料収集を行う。 ・気象、水文（降雨、積雪、気温、日照、風向など）に関する調査、資料収集を行う。
現場条件の調査 （近隣環境の調査）	・環境、公害（騒音、振動の影響、道路・鉄道状況など）に関する調査、資料収集を行う。 ・電力、上下水（地下埋設物、送電線、上下水道管など）に関する調査、資料収集を行う。
現場条件の調査 （資機材の調査）	・労力、資材（地元労働者、下請け業者、生コン、砂利、盛土材料などの価格、確保）に関する調査、資料収集を行う。 ・使用機械（施工規模による使用機械の規模、種類、組合せ等）に関して検討を行う。

施工手順	・直接仮設（工事用道路、給排水設備、電気設備、土止め・締切り等）の図面作成、施工準備を行う。 ・共通仮設（現場事務所、資材置場、駐車場などの確保など）の準備、手配を行う。

CHALLENGE 2 工程管理

出題ランク ★★☆

> **演習問題 2** 下図のような管渠を敷設する場合の施工手順が次の表に示されているが、施工手順①～③のうちから2つ選び、それぞれの番号、該当する工種名および施工上の留意事項（主要機械の操作および安全管理に関するものは除く）について解答欄に記述しなさい。 (R3-問題11)

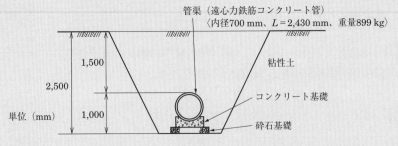

施工手順 番号	工種名	施工上の留意事項 （主要機械の操作および安全管理に関するものは除く）
①	準備工（丁張り） ↓ □ ↓ （バックホウ）	・丁張りは、施工図に従って位置・高さを正確に設置する。
②	砕石基礎工 ↓ □ ↓ （トラッククレーン）	・基礎工は、地下水に留意しドライワークで施工する。
	型枠工（設置） ↓ コンクリート基礎工 ↓ 養生工 ↓ 型枠工（撤去）	・コンクリートは、管の両側から均等に投入し、管底まで充填するようにバイブレータ等を用いて入念に行う。
③	□ ↓ （タンパ） ↓ 残土処理	

一般の管渠（遠心力鉄筋コンクリート管）の設置手順に従って施工する。

準備工（丁張）→ 床堀工（バックホウ）→ 砕石基礎工

→ 管渠設置工（トラッククレーン）→ 型枠工（設置）

→ コンクリート基礎工 → 養生工 → 型枠工（撤去）

→ 埋戻し工（タンパ）→ 残土処理

 下記の工種から2つを選んで、それぞれ留意事項を記述する。

施工手順	工種名	施工上の具体的な留意事項
①	床掘工	・床付け面は丁寧に掘削する。 ・支持地盤を深掘りしたり、乱したりない。
②	管渠設置工 （トラッククレーン）	・基礎の低い方から高い方に向かって敷設する。 ・据付け位置、高さを十分に確認して据え付ける。 ・クレーンには均等な荷重をかけ据え付ける。
③	埋戻し工	・左右均等に埋戻し、締固めを行う。 ・高まきを避け、十分に締め固める。 ・転圧の際にカルバートに損傷を与えない。

CHALLENGE 3 環境管理　　　　　　　　出題ランク ★★★

演習問題 3　　建設工事に係る資材の再資源化等に関する法律（建設リサイクル法）により再資源化を促進する特定建設資材に関する次の文章の [　　　] の（イ）～（ホ）に当てはまる適切な語句を解答欄に記述しなさい。

(1) コンクリート塊については、破砕、選別、混合物の [　(イ)　]、[　(ロ)　] 調整等を行うことにより再生クラッシャーラン、再生コンクリート砂等として、道路、港湾、空港、駐車場および建築物等の敷地内の舗装の路盤材、建築物等の埋戻し材、または基礎材、コンクリート用骨材等に利用することを促進する。

(2) 建設発生木材については、チップ化し、[　(ハ)　] ボード、堆肥等の原材料として利用することを促進する。これらの利用が技術的な困難性、環境への負荷の程度等の観点から適切でない場合には [　(ニ)　] として利用することを促進する。

6章

> (3) アスファルト・コンクリート塊については、破砕、選別、混合物の
> [(イ)]、[(ロ)]調整等を行うことにより、再生加熱アスファルト
> [(ホ)]混合物および表層基層用再生加熱アスファルト混合物として、道
> 路等の舗装の上層路盤材、基層用材料、または表層用材料に利用すること
> を促進する。 (R3- 問題7)

解説 再資源化を促進する特定建設資材に関しては、主に「建設リサイクル法（建設工事に係る資材の再資源化等に関する法律）」等に規定されている。

解答

（イ）	（ロ）	（ハ）	（ニ）	（ホ）
除去	粒度	木質	燃料	安定処理

演習問題4 建設工事に伴う騒音または振動防止のための具体的対策について5つ解答欄に記述しなさい。
ただし、騒音と振動防止対策において同一内容は不可とする。 (R2- 問題11)

解説 建設工事現場における騒音・振動防止対策については、「騒音規制法」、「振動規制法」等に規定されている。

解答 下記のうちから5つを選んで記述する。
・打撃・振動を利用した工法を避け、騒音・振動の小さい工法を採用する。
・不必要な空ふかしや高い負荷をかけた運転は避ける。
・注油や摩耗部品の交換など、機械の整備を定期的に行う。
・不必要な高速走行は避ける。
・国土交通省指定の低騒音・低振動型建設機械を使用する。
・騒音規制法および振動規制法に基づいた作業の時間と方法を順守する。
・機械の動力にはできるだけ商用電源を利用し、エンジンや発電機の使用を避ける。
・作業の待ち時間にはエンジンを止め、アイドリングストップを心がける。
・現場のできるだけ発生源に近いところに遮音壁・遮音シートを設置する。

演習問題 5 建設廃棄物の再生利用等による適正処理のために「分別・保管」を行う場合、廃棄物の処理及び清掃に関する法律の定めにより、排出事業者が作業所（現場）内において実施すべき具体的な対策について 5 つ解答欄に記述しなさい。 (H29- 問題 11)

解説 実施すべき具体的な対策は、「廃棄物の処理及び清掃に関する法律施行規則」（第 8 条 産業廃棄物保管基準）に定められている。

解答 下記のうちから 5 つを選んで記述する。

・保管場所は、周囲に囲いが設けられていること。
・保管場所から廃棄物が飛散、流出、地下浸透および悪臭が飛散しない設備とすること。
・見やすい場所に、必要な要件の掲示板が設けられていること。
・屋外において容器を用いずに保管する場合は、定められた積上げ高さを超えないようにすること。
・廃棄物の保管により汚水が生じるおそれがあるときは、排水溝を設け、底面を不浸透性の材料で覆うこと。
・廃棄物の負荷がかかる場合は、構造耐力上、安全であること。
・保管場所に、ネズミが生息し、蚊、ハエなどの害虫が発生しないようにすること。
・特別管理産業廃棄物に他のものが混合しないように仕切りを設ける。
・石綿含有産業廃棄物に他のものが混合しないように仕切りを設ける。

Memo

〈著者略歴〉

速水洋志（はやみ　ひろゆき）

1968年東京農工大学農学部農業生産工学科卒業。株式会社栄設計に入社。以降建設コンサルタント業務に従事。2001年に株式会社栄設計代表取締役に就任。現在は速水技術プロダクション代表、株式会社三建技術技術顧問、株式会社ウォールナット技術顧問
資格：技術士（総合技術監理部門、農業土木）、環境再生医（上級）
著書：『わかりやすい土木の実務』『わかりやすい土木施工管理の実務』（オーム社）『土木のずかん』（オーム社：共著）他

吉田勇人（よしだ　はやと）

現在は株式会社栄設計に所属
資格：1級土木施工管理技士、測量士、RCCM（農業土木）
著書：『土木のずかん』（オーム社、共著）、『基礎からわかるコンクリート』（ナツメ社、共著）他

水村俊幸（みずむら　としゆき）

1979年東洋大学工学部土木工学科卒業。株式会社島村工業に入社。以降、土木工事の施工、管理、設計、積算業務に従事。現在は中央テクノ株式会社に所属。NPO法人彩の国技術士センター理事
資格：技術士（建設部門）、RCCM（農業土木）、コンクリート診断士、コンクリート技士、1級土木施工管理技士、測量士
著書：『土木のずかん』『すぐに使える！工事成績評定85点獲得のコツ』（オーム社、共著）、『基礎からわかるコンクリート』（ナツメ社、共著）他

これだけマスター
1級土木施工管理技士　第二次検定

2022年4月25日　　第1版第1刷発行
2023年9月10日　　第1版第2刷発行

著　　者　　速水洋志・吉田勇人・水村俊幸
発行者　　村上和夫
発行所　　株式会社　オーム社
　　　　　郵便番号　101-8460
　　　　　東京都千代田区神田錦町3-1
　　　　　電話　03(3233)0641(代表)
　　　　　URL　https://www.ohmsha.co.jp/

© 速水洋志・吉田勇人・水村俊幸 2022

印刷・製本　壮光舎印刷
ISBN978-4-274-22854-4　Printed in Japan

本書の感想募集　https://www.ohmsha.co.jp/kansou/

本書をお読みになった感想を上記サイトまでお寄せください。
お寄せいただいた方には、抽選でプレゼントを差し上げます。